地质环境监测技术与设计

DIZHI HUANJING JIANCE JISHU YU SHEJI

曾 斌 周建伟 柴 波 等编著

图书在版编目(CIP)数据

地质环境监测技术与设计/曾斌等编著. —武汉:中国地质大学出版社,2019.12

ISBN 978-7-5625-4743-3

Ⅰ.①地…
Ⅱ.①曾…
Ⅲ.①地质环境-环境监测-技术设计
Ⅳ.①X83

中国版本图书馆 CIP 数据核字(2019)第 298946 号

地质环境监测技术与设计		曾 斌 周建伟 柴 波 等编著
责任编辑:舒立霞		责任校对:徐蕾蕾

出版发行:中国地质大学出版社(武汉市洪山区鲁磨路388号)　　邮编:430074
电　　话:(027)67883511　　传　　真:(027)67883580　　E-mail:cbb@cug.edu.cn
经　　销:全国新华书店　　　　　　　　　　　　　　　　　　http://cugp.cug.edu.cn

开本:787 毫米×1092 毫米　1/16	字数:416 千字	印张:16.25
版次:2019 年 12 月第 1 版	印次:2019 年 12 月第 1 次印刷	
印刷:湖北睿智印务有限公司		
ISBN 978-7-5625-4743-3		定价:46.00 元

如有印装质量问题请与印刷厂联系调换

前　言

我国幅员辽阔,有着独特的地质及构造地貌单元、宽阔的大陆架与典型的边缘海、流经多地貌单元的河流、多元的气候条件、多样的生物及生态系统,但近年来随着经济的高速发展,高强度的人类工程活动已不可避免地造成了各种各样的地质环境问题。据不完全统计,在全国多个省市均发生有采空塌陷,塌陷面积超过 1 000km²;上海、天津、江苏、浙江、陕西等16个省(市)的46个城市出现了地面沉降问题;地裂缝出现在陕西、河北、山东、广东、河南等17个省,每年因灾造成大量人员伤亡和经济损失;一些地区和县(市)的崩滑流等地质灾害已成为制约当地社会经济发展的重要因素,全国经济的可持续发展受到了严重影响。对此,自然资源部提出防灾减灾救灾需要做到"两个坚持三个转变",更加突出"以防为主",搞清楚"隐患点在哪里""什么时间可能发生"的问题。这就需要专业工作人员在查清地质环境问题空间分布、演化阶段、稳定性现状等的基础上,利用有针对性的监测手段对可能发生的地质环境问题,特别是突发性的地质灾害,提高监测预警能力及隐患排查能力,从而为决策避险提供技术支持,最大限度保护国家生态环境及保障人民群众生命财产安全。

本书以国内常见的地质环境问题为研究对象,在阐明地质环境相关基本概念及理论的前提下,介绍了地质环境监测目的、意义及监测内容划分,较为全面地总结了常见的水、土、岩、气等地质环境要素的监测技术方法,系统梳理了地质环境问题监测的基本思路及方案流程,并以典型的突发性地质环境问题、渐进性地质环境问题及区域性地质环境监测为例,展示了不同问题的监测目的、监测内容、监测技术方法并进行了案例分析。

本书内容共分7章。第一章基于徐恒力教授所著《环境地质学》,对地质环境的相关基本概念及理论进行了部分引述,从而作为本书地质环境监测技术与设计相关内容的理论基础。第二章阐明了地质环境监测目的、意义、原则及监测内容的划分方法。第三章依次介绍了基于3S技术的遥感监测方法,基于传感器进行水、岩、土、气等多个地质环境系统要素的监测技术方法,监测数据的远程在线自动传送方法。第四章介绍了地质环境监测的总体方案设计流程,包括如何分析所需监测的地质体对象,如何提取包括地质体因素及环境影响因素在内的监测要素,对于不同监测要素所需匹配的具体监测方法,野外监测网点的设计及监测周期的确定原则,包括传感器、数据采集装置、数据无线发送装置在内的监测仪器野外安装方法,监测数据接收的软件平台设计示例,监测数据的分析及预警预报阈值的确定方法。第五章分别阐述了崩塌、滑坡、泥石流、岩溶塌陷等突发性地质环境问题的监测目的、监测所需收集的资料、监测内容及要求、监测技术与方法，并分别提供了案例分析。第六章分别阐述了地面沉降、海水入侵、地下水污染、水土流失等渐进性地质环境问题的监测目的、监测所需收集的资料、监测内容及要求、监测技术与方法，并分别提供了案例分析。第七章分别阐述了以城市地质环境、矿山地质环境、生态地质环境为监测对象的区域性地质环境的监测目标、监测原则、监测内容、监测方法及方案部署等，并分别提供了案例分析。

本书可作为地质工程、环境工程等专业本科生以及具有一定地质学知识背景的相关专业研究生的配套教学用书，也可以供从事地质环境调查及监测等相关方向研究及管理的人员参考使用。

本书的第一章由曾斌、刘凤莲整理编写；第二章由曾斌整理编写；第三章由曾斌、叶裕才、王冬慧、罗凌云整理编写；第四章由曾斌、周建伟、柴波、彭孝楠、罗凌云整理编写；第五章由曾斌、叶裕才、王冬慧整理编写；第六章由曾斌、彭孝楠、王冬慧整理编写；第七章由曾斌、周建伟、苏丹辉、郑晓明、罗凌云整理编写。全书由曾斌统稿。

另外，本书在整理编写过程中，参考了大量同行专家的著作，并且吸纳了诸多学者和学科同仁提出的宝贵建议，在此一并表示衷心感谢！

由于地质环境监测是一门多学科交叉的前沿性学科，所涉及内容相当广泛，限于笔者的水平和实践经验有限，书中不足之处在所难免，敬请读者批评指正。

编著者

2019 年 9 月 20 日

目　录

第一章　地质环境概述 ………………………………………………………………… (1)
　第一节　地质环境的概念 …………………………………………………………… (1)
　第二节　地质环境的基本特征 ……………………………………………………… (2)
　第三节　地质环境系统的组成要素及结构 ………………………………………… (4)
　　一、地质环境系统的组成要素 …………………………………………………… (4)
　　二、地质环境系统的结构 ………………………………………………………… (5)
　第四节　地质环境系统演化的原理 ………………………………………………… (6)
　　一、系统演化的基本概念 ………………………………………………………… (6)
　　二、地质环境系统演化的外部条件 ……………………………………………… (7)
　　三、地质环境系统演化的内在机理 ……………………………………………… (8)
　　四、地质环境系统演化的阶段 …………………………………………………… (9)

第二章　地质环境监测概述 …………………………………………………………… (11)
　第一节　地质环境监测的目的与意义 ……………………………………………… (11)
　第二节　地质环境监测的原则 ……………………………………………………… (11)
　第三节　地质环境监测内容的划分 ………………………………………………… (12)

第三章　地质环境监测技术方法 ……………………………………………………… (14)
　第一节　基于3S技术的遥感监测 …………………………………………………… (14)
　　一、3S技术概念 …………………………………………………………………… (14)
　　二、调查方法与技术路线 ………………………………………………………… (14)
　第二节　基于传感器的地质环境系统要素监测 …………………………………… (30)
　　一、"水"要素的监测 ……………………………………………………………… (31)
　　二、"岩-土"(变形位移)要素的监测 …………………………………………… (42)
　　三、"岩-土"(理化指标)要素的监测 …………………………………………… (49)
　　四、"气"要素的监测 ……………………………………………………………… (56)
　　五、其他要素的监测 ……………………………………………………………… (57)
　第三节　监测数据的远程在线自动传送 …………………………………………… (58)

第四章 地质环境监测方案设计流程 (61)

第一节 地质环境监测的基本思路 (61)
第二节 监测对象的分析 (62)
第三节 监测要素的提取 (62)
第四节 监测技术方法的选择 (63)
第五节 监测网点的设计 (63)
第六节 监测周期的确定 (64)
一、突发性地质环境问题的监测周期 (64)
二、渐进性地质环境问题的监测周期 (64)

第七节 监测仪器的野外布设 (65)
一、传感器的布设选择 (65)
二、边坡深部位移监测仪器 (67)
三、土体渗流量测量仪器 (68)
四、数据采集与传输系统 (69)

第八节 监测数据的接收与平台软件 (70)
一、系统总体结构 (70)
二、数据查阅维护系统及系统数据库设计 (71)

第九节 基于监测数据的预警预报 (80)
一、基本概念 (80)
二、预警预报方法 (81)
三、预警阈值的确定 (82)

第五章 突发性地质环境问题监测 (87)

第一节 崩塌监测 (87)
一、监测目的 (87)
二、监测前所需收集的资料 (87)
三、监测内容及要求 (88)
四、监测技术与方法 (90)
五、实例:链子崖危岩体监测预警 (99)

第二节 滑坡监测 (109)
一、监测内容及要求 (109)
二、监测技术与方法 (112)

  三、实例:巫山县二郎庙(向家沟)滑坡监测 …………………………………………… (117)

第三节 泥石流监测 …………………………………………………………………… (126)

  一、监测内容 ………………………………………………………………………… (126)

  二、监测技术与方法 ………………………………………………………………… (127)

  三、实例:乌东德水电站花山沟泥石流综合监测预警 …………………………… (131)

第四节 岩溶塌陷监测 ………………………………………………………………… (134)

  一、监测目的 ………………………………………………………………………… (134)

  二、监测前所需收集的资料 ………………………………………………………… (134)

  三、监测内容 ………………………………………………………………………… (134)

  四、监测技术 ………………………………………………………………………… (135)

  五、实例:钟祥市某岩溶地面塌陷治理区监测 …………………………………… (141)

第六章 渐进性地质环境问题监测 ………………………………………………………… (148)

第一节 地面沉降监测 ………………………………………………………………… (148)

  一、监测目的 ………………………………………………………………………… (148)

  二、监测前所需收集的资料 ………………………………………………………… (148)

  三、监测内容 ………………………………………………………………………… (148)

  四、监测技术与方法 ………………………………………………………………… (149)

  五、实例:华北平原地面沉降监测 ………………………………………………… (151)

第二节 海水入侵监测 ………………………………………………………………… (155)

  一、监测目的 ………………………………………………………………………… (155)

  二、监测前所需收集的资料 ………………………………………………………… (156)

  三、监测内容 ………………………………………………………………………… (156)

  四、监测技术与方法 ………………………………………………………………… (157)

  五、实例:荣成市海水入侵监测 …………………………………………………… (157)

第三节 地下水污染监测 ……………………………………………………………… (169)

  一、监测目的 ………………………………………………………………………… (169)

  二、监测前所需收集的资料 ………………………………………………………… (169)

  三、监测内容 ………………………………………………………………………… (170)

  四、监测技术与方法 ………………………………………………………………… (171)

  五、实例:天津市某垃圾填埋场地下水污染监测 ………………………………… (173)

第四节　水土流失监测 ……………………………………………………（182）
　　　一、监测目的 ………………………………………………………………（182）
　　　二、监测前所需收集的资料 ………………………………………………（183）
　　　三、监测内容 ………………………………………………………………（183）
　　　四、监测技术与方法 ………………………………………………………（184）
　　　五、实例：磨子潭流域水土流失动态监测 ………………………………（187）

第七章　区域性地质环境监测 ……………………………………………………（198）
　第一节　城市地质环境监测 ………………………………………………（198）
　　　一、监测目标及原则 ………………………………………………………（198）
　　　二、监测内容 ………………………………………………………………（198）
　　　三、实例：武汉城市圈地质环境遥感监测 ………………………………（198）
　第二节　矿山地质环境监测 ………………………………………………（209）
　　　一、监测目标及原则 ………………………………………………………（209）
　　　二、监测内容与方法 ………………………………………………………（210）
　　　三、实例：山东省邹城市太平采煤区监测工程 …………………………（215）
　第三节　生态地质环境监测 ………………………………………………（224）
　　　一、陆地生态系统监测 ……………………………………………………（224）
　　　二、湿地生态系统监测 ……………………………………………………（230）

附　表 ………………………………………………………………………………（239）

第一章 地质环境概述

地质环境是人类环境中极为重要的组成部分,主要是指与人的生存发展有着紧密联系的地质背景、地质作用及其发生空间的总和,又称为地质环境系统。地质环境是一种空间概念,在实际应用时常加前后缀,如××地区地质环境调查,以说明研究对象的地理范围、观察对象的地质学色彩,调查意指对这个特定空间实体和现象的描述、刻画。简言之,地质环境可以理解为研究的对象。

第一节 地质环境的概念

地质环境一词既用于抽象的概念中,又有其客观存在的对应实体。根据地质环境系统的尺度层次,可以将人类地质环境分为全球地质环境和局域地质环境。地球由大气圈、水圈、生物圈、地壳、地幔和地核六大圈层构成(图1-1)。其中大气圈、水圈、生物圈又称外三圈,地壳、地幔、地核又称内三圈。而其中大气圈、水圈、生物圈、地壳4个圈层,概括了地球物质的4种存在形式或基本要素,即气、水、生、岩(土),它们也是构建人类环境的全部要素。这些要素所占据的空间并非彼此完全分离,而是存在共同重叠的部分。这个"交集"处于地表到地壳上部的某一深度范围内,正是所谓的全球地质环境系统的展布空间。显而易见,在全球的尺度上,地质环境呈环状包裹着地球,是人类生息繁衍、从事各种活动的场所。

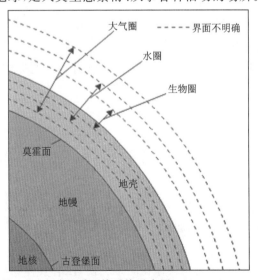

图1-1 全球地质环境系统示意图(据徐恒力等,2009)

除了研究全球问题会涉及全球地质环境系统外,在实际工作中,普遍遇到的是发生在某一地区或某一地点的地质环境问题,如矿区的地面塌陷、某一斜坡体的失稳滑移,区域性的地下水污染、荒漠化等。此时,岩石圈、水圈等全球尺度的论述不再适合局域具体问题的分析,研究对象只能是局域尺度的地质环境。在地质环境问题的调查、评价、监测及防治工作中,局域地质环境是主要的考察对象,或者说是基本单元。之所以如此,是因为地质环境问题包括地质灾害都有一定的地域性。具体表现在以下几个方面:首先,地球上自然地理条件的多样性和资源分布的不均匀性,在相当大的程度上决定着人口的聚集状况及人为地质作用的形式与强度。其次,不同国家和地区的经济发达程度、发展模式和文化传统会直接或间接地影响人们的行为方式,包括资源开采利用方式和对待地质环境所持有的态度。最后,地质背景包括地质体结构组成、各种地质作用的活跃程度及其过程,没有统一固定的模式。因此,根据不同的背景条件和问题的性质来确定局域地质环境系统是十分自然的事情。至于局域的范围则应具体问题具体分析,大者可达数万平方千米,小者也许只是工程场地的规模。

第二节 地质环境的基本特征

1. 地质环境以系统的方式存在

根据系统论的观点,世界上任何事物都是以系统的方式存在的,地质环境也不例外。

系统是指由相互联系、相互作用的若干要素(部分)构成的具有统一功能的整体。该定义不仅仅说明了什么是系统,更明确了系统所具有的基本特性,如整体性、相关性等。应该指出,系统一词的科学意义不在其字面上,而是告诉人们一种思维方式和处理问题的技巧,即观察现象、分析问题应具有整体观,懂得事物具有相关性、层次性和发展变化的基本特性,以便从中提炼科学问题,寻找解决问题的科学途径。

无论是全球地质环境,还是局域地质环境都具备定义为系统的全部条件。首先,它们都是由岩(土)、水、气、生四大要素组成的。尽管全球地质环境与局域地质环境的空间大小不同,但在各自的内部4种要素都是相互联系相互作用的,而且正是这些联系才形成了各种物质的运动和能量的转化传输过程,使它们始终充满活力,并表现出各自所特有的活动方式和行为,即所谓功能。地质环境系统的功能是多样的,既有为人类提供资源的各种服务功能,又有给人类制造麻烦,甚至灾难的另一种功能。

2. 地质环境是开放系统

根据系统与其环境(此处指广义环境)的关系,系统可分3类:孤立系统、封闭系统和开放系统。

孤立系统是指系统与其环境之间没有物质、能量交换的系统。严格地讲这类系统在自然界是不存在的,是人们为了便于研究而忽略环境输入和系统输出的一种策略或处理方式,如热力学讨论的绝热系统。

封闭系统是指系统与其环境之间只存在能量交换,没有具体物质的输移。这类系统虽不多见,但在地质体中仍可发现它的存在,如岩层中的流体包裹体、古代的封存水和具有良好封闭条件的油气田。

开放系统是指系统与其环境之间具有物能交换的系统。

地质环境系统就其自然本质而言,都是开放系统,无论是前面所讨论的全球地质环境系统,还是局域地质环境系统都是如此。对于全球地质环境系统来说,既接受上界面以外太阳热辐射和其他星体的引力作用,又受地面以上大气、生物作用的影响,如降水和生物残体的输入等。与此同时,它还受下界面以下即来自地球深部的动力作用和岩浆活动的影响。由于局域地质环境系统存在着侧边界,所以,也受到系统之外侧向的热能传导、压力以及地下水运动的干扰。

3. 地质环境是有层次的

地质环境既然是以系统的方式存在,必然具有系统层次性的基本特点,即随着空间尺度的改变,系统的结构、特征和功能也发生变化,从而表现出不同的等级关系,如从属或并列关系。例如局域地质环境与全球地质环境就是后者包容前者的关系。某一局域地质环境出现的问题未必会扩展到全球,但全球地质环境又是由许多局域地质环境组合而成的,若相当多的局域地质环境出现同种问题,则有可能成为全球的问题。

有关系统层次性的理论研究,一直被学术界所关注。最近几年出现的"层级理论(hierarchy theory)"对地质环境系统和地质环境问题的研究具有重要的指导意义。层级理论认为,系统不存在绝对的部分(子系统)和绝对的整体,它是依据研究者对研究对象、研究内容的理性认识来划分的。通常可以按不同的时空尺度或功能分解为相对离散的多个部分(子系统)或等级层次。虽然划分过程是由研究者完成的,但划分的结果却涌现出一些普适的特性:①小尺度上表现的非稳定性、时空的异质性(不均匀性)可以转化为大尺度上的相对稳定性和均质性;②低层级行为过程的多样性和随机性在高层级上被平均化,呈现出一定的统计规律以及行为过程的单一性;③层级的转化也使控制条件和主导限制因素有所不同,并可能形成不同的时间结构,等级越高,地质环境系统的行为与大区域的影响要素及其长时间的变化关系更密切;低等级的地质环境系统如局域地质环境系统,则对局域要素及其短期动态变化更敏感。

所以,地质环境的研究要特别注意核心尺度的把握,同时也要重视邻近层级的分析,以便将低层级上获得的信息或规律在高层级上予以整合,得出有关系统整体性的认识,而高层级的规律对低层级有控制作用,又为我们探索低层级系统演化的方向提供了重要的线索。

4. 地质环境是不断演化的

世界上任何事物都有其发生、发展和消亡的过程。地质学中论及的造山运动、海陆变迁、生物大爆发和大灭绝事件的记录都雄辩地证明了地球不断演化的客观事实。

用人类发展历史的时间尺度来观察,局域地质环境系统具有明显的演化特征。其一,在局域上自然地质作用、地质过程十分活跃,始终不间断,只要存在地形势差就会发生岩土物质的侵蚀、搬运与堆积;就会有水流从源向汇的运动以及化学组分的分散、迁移、聚集。这些物质在地球浅表再分配的同时,又会反过来重塑原先的地形,改变物质的运动条件,从而在物质分配与运动条件之间形成反馈过程。当这一过程发展到一定程度,局域地质环境系统呈现出整体结构性变化时,这个系统就进入了失稳阶段。其二,由于人为活动规模不断扩大,许多地区人为搬运或启动的物质量已远大于自然地质作用,也许原本需要数万年的地质过程方能形成的地质背景,如今只需数年或更短的时间。在自然地质作用和人为地质作用相耦合的情况下,局域地质环境系统的结构性变化必然呈加速的态势。两者的耦合还会冲击原先物能输移的动力学关系,出现新的协同作用和相干效应,并有可能逐级放大到该局域之外的更高层级上或影响环境的其他方面。

5. 地质环境具有自然和社会的双重属性

地质环境是地质作用的产物。地质作用又可划分为自然的和人为的地质作用。

1) 地质环境的自然属性

自然地质作用是地球上的自然力驱动地球物质运动的行为,根据自然力的来源可进一步划分为内动力地质作用和外动力地质作用。

内动力地质作用的驱动力是地球形成时继承下来的,包括地内热能、地球旋转能、化学能和结晶能等。在一些地点高温高压的岩浆上升到地表,形成火山。地壳的运动又会引发地震,并使地壳的结构发生变化,出现褶皱、断裂。

外动力地质作用又称外营力地质作用、表生地质作用,是由于地球外部圈层的运动而产生改变地表形态、物质迁移和堆积的各种作用。其驱动力主要来自于太阳的辐射热,日、月对地球的引力以及重力能。在外动力地质作用下,岩石会风化剥蚀形成松散的物质,并不断被搬运、沉积到低洼处,在此过程中地形得到改造,高山夷为平地,土壤的形成和流失又决定着生物的演替、进化,植物群落的繁盛与消亡。

2) 地质环境的社会属性

地质环境是伴随人类历史的延续同时得到发展的,这种发展是通过自然的和人为的地质作用共同推进的。人类活动所造成的地质变化已与自然并驾齐驱,在某些方面和某些地域,人类的作用已超过自然地质作用的速度和强度,使之成为影响人类环境的重要力量。这里所讲的人为地质作用可以定义为:人通过工程活动,对地面以下地球四大要素自然分布格局的干扰,主要是对岩、土、地下水天然时空结构的改造。尤其是在人为活动强度较大的地域,地质环境呈现出明显的社会属性。

第三节 地质环境系统的组成要素及结构

一、地质环境系统的组成要素

地质环境系统位于大气圈、水圈、生物圈与岩石圈相互叠置的地球浅表,其内部有空气、水、生物、岩石和土壤,它们代表了地质环境组成的基本要素。在系统内部,这些物质不是彼此游离各占据独立的空间,而是你中有我,我中有你,相互穿插的。相互之间存在着物理学、化学和生物学的联系,于是有了水岩(土)作用、水生作用、水气作用等一系列的现象和过程,即所谓的耦合过程。同时,这些物质有质的区别,它们的存在又有各自的条件,运动规律也不完全一样,表现出一定的独立性和各成体系的特点,如地下水渗流场、应力场、化学场等。所以,研究这些要素不能只停留在成分分析的层面上,还需进一步讨论各自存在方式,即物质的时空关联,这就涉及到系统结构的概念。

二、地质环境系统的结构

地质环境系统内部物质能量的分布格局、组织形式以及组成要素(部分)之间相互作用、相互联系的方式与秩序称为地质环境系统的结构。地质环境系统是时间与空间的统一体,具四维的性质。为了便于分析有时又将地质环境系统的时空结构人为地划分为空间结构和时间结构。

1. 地质环境系统的空间结构

地质环境系统按其组成可以划分为地质背景(或地质体)子系统和人工子系统。例如,在地质背景子系统中,其基本骨架由岩石组成,岩石组成地层,地层有产状、层序;地层以单斜、褶皱的形态展布;而岩浆岩则以岩基、岩株、岩墙等形态产出;在断裂发育的地段,两盘的错动位移破坏了原地层的连续性,可呈现不同时代地层对接或叠置的关系等。这些在地质学中被称为结构或构造的地质形态,均属于地质环境系统空间结构的范畴。由于这类空间结构是在漫长的地质历史时期形成的,除非突发性的地质作用,一般在中小时间尺度上变化十分缓慢,肉眼很难识别,似乎是固化的,所以,可以把岩土体的这类内在结构形象地称为硬结构。除硬结构外,地质背景子系统内部还有水、气等流体以及能量的传递,并以物理场的方式展布,如地下水渗流场、水化学场、应力场、温度场等。这些物理场反映了该子系统内部流体物质、能量的分布格局以及从源到汇的物能交换情况,所以,也是地质背景子系统空间结构的组成部分。与硬结构相比,这些物理场对外界作用反应更敏感,易发生结构性调整,显得较"软",所以,可将物理场形象地称为软结构。

对空间结构的软硬分类也同样适用于人工子系统的结构分析中,例如人工建造的用于地质资源开发利用的各种构筑物在空间上的分布格局,包括地面上的和地下的分布格局都可称为人工子系统的硬结构;指挥、控制人工构筑物运转发挥作用的计划、流程、法规等可视为人工子系统的软结构。

2. 地质环境系统的时间结构

时间结构是指系统组成要素(部分)的状态、相互关系在时间流程中的关联方式和变化规律。如物质运动过程中出现的某些振荡周期,生命系统中存在的生物钟,都是物质系统的时间结构。在环境地质学中,地质环境系统各组分状态的变化、变幅以及多种周期成分叠加而成的频率都是对系统时间结构的描述。时间结构既存在于软结构中,如各种物理场的动态变化,也存在于硬结构中,如地层沉积韵律的变化、岩土体变形的时间过程的表达。

3. 地质环境系统空间结构与时间结构的关系

(1)地质环境的结构分析是认识地质环境系统的必要手段,探索地质环境系统演化规律的线索,更是解决和防范地质环境问题的基础。

在水文地质工作中,查明研究区的水文地质条件即查明地下水的分布埋藏特征及补给、径流、排泄规律,是一项基础性的工作,也是寻找地下水,评价地下水资源,实施水资源科学管理,防范治理地下水害所必需的工作环节。同样,在工程地质实践中,查明工作区的地层、构造、地形、地貌、岩土体物理力学特性及其分布,地壳稳定性以及岩土与水的关系等所谓的工程地质条件,是工程场地选择、建筑物设计的重要依据。

(2)结构变化是地质环境系统演化的内在根据,也是系统功能改变的根本原因。在人为活动明显的地区,结构的变化既可能首先表现为硬结构方面,如人工挖掘岩土体,也可最先表现在对软结构的冲击,如强烈抽排地下水引起渗流场的明显改观。无论人为最先改变哪一种结构,最终都会波及到另一种结构。挖掘岩土不仅仅改变着地形,还可能干扰地下水天然的补排关系和径流方向,使施工区的水文地质条件变化;强烈抽排地下水,可破坏地下水与介质之间的天然的力学平衡,导致地层的压密变形。

(3)地质环境系统由地质背景子系统与人工子系统耦合而成,两者有着紧密的时-空关联。出现在地质背景子系统的各种地质现象及过程,在许多情况下是难以严格区分哪些是人为地质作用所为,哪些是纯自然地质作用所致。换句话说,这些现象和过程是两种地质作用的综合结果。所以,在研究地质环境系统演化时,重要的是收集地质背景结构性改变的证据,分析软结构和硬结构的变化特点和规律,再根据分析的结果,反推这些变化产生的自然原因和人为原因,从而对系统未来的时-空结构做出推断。

第四节 地质环境系统演化的原理

一、系统演化的基本概念

1. 系统的演化

演化是针对系统整体而言的,是系统整体结构、功能随时间的推移有别于先前的结构、功能的改变过程,是系统内部质的改变。由于对系统结构、功能的描述都是通过那些可以观察和识别的量值、态势、特征,即状态的表达来实现的,所以,系统演化又可定义为:系统原有的宏观稳定状态被破坏,经过失稳阶段,建立新的宏观稳定态的时间过程。

2. 输入、响应、输出

一个开放的系统总与外界环境有着物能的交换关系。来自系统外部环境,使系统内部状态发生变化的作用称为输入;在输入的作用下,系统内部的状态表现称系统的响应;由于输入的激励,系统会对外界环境产生反作用,这种来自系统的作用称为系统的输出。

3. 涨落

在开放系统中，系统时刻受到来自外界环境的各种作用，外界的作用往往明显地表现出不恒定性，所以，系统的响应（内部状态）也总是呈现出波动，这种波动现象统称为涨落。涨落既存在于输入信号时间序列中，也存在于输出信号时间序列和响应信号时间序列中。

在一个信号时间序列中，若不同时间段的信号均值趋于某定值，且均方差也趋于某定值，或者说，不同时段的均值和均方差各在某定值的较小领域内，且没有趋势性的变化，那么这个信号时间序列的波动称为正常涨落；反之，则称为异常涨落。据此，有关地质环境系统演化概念也可做如下的表述，即地质环境系统由宏观的正常涨落变为异常涨落，进而重新构建新的正常涨落的过程。

二、地质环境系统演化的外部条件

地质环境系统是由人和地质体共同组合的人工-自然复合（耦合）系统。由于来自该系统外界环境和人工子系统的作用都施加在地质体上，所以地质背景及其变化集中体现了上述两方面作用的响应。于是，在研究地质环境系统演化问题时，又常把地质背景视为地质环境系统，而将人为活动和地表以上的大气、生物等作用处理为地质环境系统的输入；地质体内部的岩（土）、水、气和地下生物的状态则视为输入产生的响应。

导致地质环境系统演化的外部条件有以下4种情形。

1. 影响因素种类、个数的改变

这里讲的影响因素是指来自系统的外界环境且对系统起作用的那些自然的或人为的要素或作用。它们的改变表明输入可能由多输入变为单输入；也可能相反，由单输入变为多输入。在这种情况下，系统的响应必然会发生较大变化，有可能破坏原有的结构和功能。

外界影响因素、个数的改变使地质环境系统从宏观稳定态走向失稳的例子很多。以地下水渗流场为例，在天然条件下，地下水渗流场中的各点的状态包括水位、水质及它们的动态过程都具有正常涨落的特点，由于人工抽水，地下水渗流场中增添了人工"汇"，渗流场各点的状态会发生改变。若抽水量过大，区域地下水位会持续大幅度地下降，出现异常涨落，最严重时，可造成系统内部的水量枯竭。除此之外，还存在另外一种情况，就是由于外界影响因素的减少，而造成地质环境系统的失稳。在许多地区，河水的沿途渗漏是地下水的重要补给方式，如果上游山区修建了水库，截断了这种补给途径，有可能导致地下水渗流场改变，严重时可使地下水渗流场结构发生明显变化，而进入失稳状态。

2. 影响因素作用强度的改变

地质环境系统是水、土、岩、生共同构组的系统，在各个方面都有一定的抗干扰能力。当外界的作用强度偶尔有微小变化时，地质体系统可通过涨落予以化解，仍保持宏观的稳定。我们经常提到的岩土的承载力、对污染物的自净能力、生态容量等都是地质环境系统抵抗外界干扰能力的具体体现。如果外界作用的强度明显改变，无论是增大还是减小，都有可能破坏系统原先的稳定性。例如地下水开采量持续增大超过了渗流场自身的水量调节能力,会引起渗流场的失稳;人为排放污染物的强度过大,会引起水化学场的失调;人为大规模破坏植物,超出了植被自然更替能力,会造成群落的退化。又如城市道路铺设沥青、水泥,可以减少降水的入渗强度和补给量,当人工铺盖面积较大,且降水垂直入渗又是地下水的补给主要方式时,这种作用强度的减小,也会导致渗流场的失稳。

3. 作用强度速率的改变

作用强度是指单位时间作用的大小。在一个输入时间序列中,不同时段或不同时刻作用的大小往往是不同的,在时间序列中可看出变化的梯度,或称变化速率。变化速率越大,表明作用强度变化越快。

在一定条件下,输入作用强度速率的改变,可能导致地质环境系统失稳。例如在某些岩溶隐伏区,岩溶含水层顶板为透水性较差的松散沉积盖层如黏土、亚黏土等,下伏的岩溶含水层为承压状态。若采用缓慢递增抽水量的方式开采岩溶水,岩溶水的水头会缓慢下降。与此同时,空气也会缓慢充分地穿过松散盖层进入疏干的部位,被疏干的岩溶洞穴、裂隙空腔可及时充气,保持与地表相同的大气压力。如果洞穴顶部的地层足以承受其自重,地表不会出现塌陷。若采用另一种采水方式,即快速变流量抽水,在极短的时间里达到预定涌水量的采水方式,岩溶水水头会急剧下降,有可能使疏干洞穴空腔的充气过程赶不上水位下降速度,充气不充分,空腔则呈负压状态。在这种情况下,岩溶含水层的顶板可能因"真空吸蚀效应"而垮落,导致地面塌陷。从这个例子可以看出,地质环境系统对外界环境的作用都需一个"适应"过程。当外界环境的作用缓慢变化时,系统也会通过涨落逐渐适应,反之,系统会因为不适应外界作用的急速变化而导致内部剧烈振荡而失去稳定性。

4. 影响因素排列次序的变化

影响地质环境系统的外在因素或作用可能来自多个方面,它们对系统内部物质运动量或质的影响是不同的,对于不同的现象就有主导的和次要的影响因素排序。当这种排序发生变化,就有可能引起系统结构的改变。例如在水土流失研究中,植被的覆盖率往往是决定性因素,植被一方面起着消减雨滴冲击的作用,其根系又可固持土壤,提高土面的抗蚀能力,枯枝败叶层的存在还可减缓地表坡流的形成等。如果人为破坏植被,就意味着该因素主导地位的下降,取代它的可能是另外的因素如地面坡度或坡体岩土的抗蚀能力,如果出现这种情况,水土流失会加剧,甚至会使面状侵蚀变为沟蚀,最严重时可发生泥石流、滑坡等地质灾害。

三、地质环境系统演化的内在机理

地质环境系统具有开放性,其内部的宏观状态及其稳定性既与外界环境的作用有关,又在很大程度上取决于内部的自组织过程。外界环境的输入是地质环境系统不断进行物质运动的主要原因,它不仅源源不断地弥补系统物质输出造成的亏损,也为物质的运移提供着所需的能量。如果输入过程以正常涨落的方式进行,系统可以维持正常的物质运动过程,即使输入过程中出现某些瞬间的强度增大或减小,只要不超过一定的阈值,系统都会通过内部物质的再分配和能量的调整,即涨落予以化解,以保持一种和谐、有序的宏观状态。这种在地质环境系统内部自发形成的,能够使物质运动的各种动力学过程通过协同作用,形成统一指向的行为称为自组织。显然,协同作用是系统具有自组织能力的原因,而地质环境系统的自组织又是其能够消除外界干扰,保持稳定时空结构的根本原因。

若外界环境的输入时间序列具备正常涨落的特点,地质环境系统的响应时间序列也表现为正常涨落,相应的时间序列可视为平稳的随机过程。如果外界环境对系统的输入变化很大,系统就会出现大的涨落,甚至巨涨落,原有结构或是出现了向新结构转变,或是恶化和瓦解。在这种情况下,系统的宏观状态表现出剧烈的起伏和振荡,系统失稳。需要指出,系统由稳定态趋向失稳的过程中,协同作用并未丧失。系统的异常涨落无论是因输入物能的过多过大,还是过少过小,系统内部各种动力学过程,仍是互为因果,连锁式的,只不过原有的约束丧失,自由度增大,彼此推波助澜,难以形成统(同)一的格局。此时系统的自组织起着突破原有稳定或者说自组织由维持系统稳定的角色,转化为破坏既有有序结构的角色,进而引领系统向新的方向发展,系统失稳是系统原有时空结构破坏的阶段,也是新时空结构和系统新的宏观稳定态孕育出现必经的过程。

四、地质环境系统演化的阶段

地质环境系统的演化通常可以分为 3 个阶段,即稳定阶段、失稳阶段、稳定态重建阶段。

1. 稳定阶段

地质环境系统处于稳定阶段时,其宏观的状态具有正常涨落的特点,此时,系统的结构、功能都是稳定、有序的。

实践与理论研究表明,在人为活动较轻微的地区,地质环境系统的宏观变化一般不易察觉,所见的往往是系统内部局部地段或地点的某些涨落现象,如丰枯季节交替出现的地下水位升降;某些季节性较易发生的风蚀、水蚀作用及岩土物质侵蚀、搬运和堆积过程;地下水化学组分及浓度的变化等。描述这些现象的动态曲线除显示季节性波动外,一般没有多年的升降趋势,各年份的统计特征值即均值和均方差都有趋于各自定值的特点。说明在这种外部条件下,地质环境系统处于正常涨落,其时间序列可视为平稳的随机过程。

2. 失稳阶段

地质环境系统的失稳是其演化过程中的必经阶段,在此阶段系统原有的稳定性遭到破坏,宏观状态具有异常涨落的特点,属于非平稳的随机过程。处于这个阶段的系统不再遵守大数定律,又称为无序的状态。

地质环境系统失稳时,原先的驱动力和影响因素的排序可能会发生变动,先前的主导因素退居次要地位,取而代之的是新的作用因素,如放大的随机干扰或原先处于次要地位的因素。至于系统未来的走向则如系统科学所指出的,"当系统状态处于临界点时,随机干扰会成为系统状态如何变化的决定因素。"换句话说,在对系统未来变化的信息掌握不充分的情况下,地质环境系统失稳的具体道路和失稳的形式往往是事前难以预测的。

地质环境系统由稳定进入到失稳阶段可有两种形式,即渐变和突变。渐变是地质环境系统失稳常见的一种形式,在此过程中,系统的结构、功能也呈现缓慢的变化,伴随这些变化,常出现各种对人不利的地质环境问题,如地下水污染、地面沉降、水土流失、荒漠化等。地质环境系统的突变往往引发突发性地质环境问题即地质灾害,例如火山喷发、地震、滑坡、崩塌、泥石流、地面塌陷、岩爆等。

3. 稳定态重建阶段

地质环境系统由异常涨落转变为正常涨落,或者说从无序变为有序的过程称为稳定态重建阶段。地质环境系统的演化是不可逆过程,经过失稳阶段的系统不可能恢复到初始的宏观状态。尽管稳定态的重建是正常涨落形式的回归,但其均值和均方差已明显有别于初始的正常涨落,重建后的系统其结构、功能大不同于原来的系统,是一个质变了的新系统。

主要参考文献

徐恒力,等.环境地质学[M].北京:地质出版社,2009.

第二章 地质环境监测概述

第一节 地质环境监测的目的与意义

地质环境监测的目的在于掌握地质环境系统的变形特征和演变规律以及它的边界条件、变形主方向和失稳方式等,为地质环境问题的评价与预测预报提供信息,同时为防治工程决策和设计施工提供依据和资料。

地质环境监测的意义在于:

(1)监测是地质环境问题综合研究的有机组成部分。目前地质环境问题往往采用地质、工程地质、数值模拟及监测等各种方法与手段进行综合研究。

(2)监测数据是地质环境问题数学建模和计算的必备资料。

(3)监测数据可直接用于地质环境问题预警、预报。

(4)在地质环境问题的防治工程中,监测结果可用于检验工程效果,并指导进一步工作。

(5)监测数据是信息化施工的必备资料。

(6)利用监测数据可以进行反分析,即通过反分析原理确定地质环境问题的边界条件和力学参数。

第二节 地质环境监测的原则

(1)分清主次,突出重点,即对一些规模大、危害大的重点地质体,应进行重点监测,并尽可能采用多种方法和手段进行综合监测。

(2)监测方法的确定,既要考虑地质体的变形动态和实际情况,又要考虑观测简便,节约投资,即必须针对具体的地质条件、地理条件以及变形破坏方式选择正确合理的监测方法。

(3)监测仪器设备在选择时需要考虑:可靠性和长期稳定性好;有与监测对象相适合的足够的量程和精度;长期监测仪器须具有防风、防雨、防潮、防震、防雷、防腐等与环境相适应的性能;仪器设备安装使用前,必须经过校验标定。

(4)监测网点的布设与方法选择必须目的明确、便于观测,监测网至少由一个主剖面和若干辅助剖面组成。

(5)监测应与宏观调查及群防群测相结合,使监测既可靠又经济实用。

第三节 地质环境监测内容的划分

1. 基于"系统"的监测内容划分

根据本书第一章地质环境的相关概念,地质环境可以被认为是一个系统,其存在及演化符合系统的基本特征及规律。因此,我们在对某一具体的地质环境问题进行监测设计时,也可以尝试着从系统的角度,来全面考虑设计方案。

首先,根据系统的概念,如若将某地质环境问题当作一个"系统",则其也必定有相应的"环境",如图2-1所示。因此,从这个概念出发,在进行某个具体地质环境问题监测方案的拟订时,可以将监测内容分为"系统"本身要素的监测(也即基于系统演化的内在机理),以及"环境"影响要素的监测(系统演化的外在条件)。例如滑坡监测,"系统"本身的监测要素则包括地表变形监测、深部变形监测、地下水位监测等,而"环境"影响要素的监测则包括降雨量监测、地震监测等。

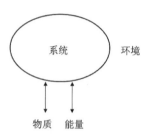

图 2-1 系统与环境示意图

2. 基于"地质环境系统要素"的监测内容划分

前面提及,地质环境系统位于大气圈、水圈、生物圈与岩石圈相互叠置的地球浅表,其内部有空气、水、生物、岩石和土壤,它们代表了地质环境组成的基本要素。在系统内部,这些物质不是彼此游离各占据独立的空间,而是你中有我,我中有你,相互穿插的。相互之间存在着物理学、化学和生物学的联系,于是有了水岩(土)作用、水生作用、水气作用等一系列的现象和过程,即所谓的耦合过程。此外这些物质有质的区别,它们的存在又有各自的条件,运动规律也不完全一样,表现出一定的独立性和各成体系的特点,如地下水渗流场、应力场、化学场等。

因此从这个角度,地质环境问题的监测内容则可以分为水、土、岩、气、生5个大类。这也是在日常的地质环境调查及监测过程中,最常见的调查要素与监测要素。

3. 基于"地质环境系统结构"的监测内容划分

之前提及,地质环境系统是时间与空间的统一体,具四维的性质。因此地质环境问题的监测内容据此又可以划分为空间结构的监测、时间结构的监测。

例如地质背景子系统内部有水、气等流体以及能量的传递,并以物理场的方式展布,如地下水渗流场、水化学场、应力场、温度场等。这些物理场反映了该子系统内部流体物质、能量的分布格局以及从源到汇的物能交换情况,所以,都可以作为地质环境问题空间结构的监测内容。

地质环境系统各组分状态的变化、变幅以及多种周期成分叠加而成的频率都是对系统时间结构的描述。因此对于各种"场"在时间序列上的监测,则可以认为是对地质环境问题演化过程的监测。

在实际的监测过程中,地质环境问题空间结构与时间结构的监测,通常是一体的,即在监测过程中,同时实现了地质环境系统空间各结构要素的时间序列变化监测。

4. 基于"地质环境系统演化原理"的监测内容划分

前面提及,在地质环境系统演化的过程中,来自系统外部环境,使系统内部状态发生变化的作用称为输入;在输入的作用下,系统内部的状态表现称系统的响应;由于输入的激励,系统会对外界环境产生反作用,这种来自系统的作用称为系统的输出。

基于以上理念,在实际的监测过程中,监测内容则可以划分为:①输入的监测,也即外部环境或影响因子的监测,如降雨、地震、人类活动等;②响应的监测,也即系统内部状态的变化监测,如地表变形、深部位移、地下水位变化等;③输出的监测,也即地质环境问题一旦发生,其对承灾体的作用监测,如地面沉降过程中地面及桥梁等的变形监测、滑坡体上房屋等的变形监测等。

5. 基于"地质环境具有自然和社会的双重属性"的监测内容划分

前面提及,地质环境具有自然和社会的双重属性,地质环境是地质作用的产物,地质作用可划分为自然地质作用(地球上的自然力驱动地球物质运动的行为,常规研究以内动力地质作用为主)和人为地质作用(人通过工程活动,对地面以下地球四大要素自然分布格局的干扰,主要是对岩、土、地下水天然时空结构的改造)。因此,在地质环境问题的监测过程中,既有自然地质作用的监测,如长时间尺度下,地壳结构(褶皱、断裂)的变化监测、地温的监测等;也有人为地质作用的监测,如地面沉降中人工开采地下水的强度监测、库区滑坡时库水位的波动监测等。

6. 基于"监测对象"的监测内容划分

按照实际地质环境问题的种类,监测对象可以是某一"单要素",也可以是"多要素"的集合。例如在做地下水污染监测时,监测内容就是水质这一单要素;而在做矿山地质环境问题的监测时,监测内容则包括了水质、水位、地裂缝、滑坡、崩塌、泥石流等多个问题及某个问题中多个要素的综合监测。

第三章 地质环境监测技术方法

第一节 基于3S技术的遥感监测

一、3S技术概念

遥感技术(Remote Sensing,RS)、地理信息系统(Geographic Information System,GIS)和全球定位系统(Global Position System,GPS)统称为3S技术,它是结合了空间技术、传感器技术、卫星定位与导航技术和计算机技术、通信技术,多种学科高度集成地对空间信息进行收集、处理、管理、分析、表达、传播和应用的现代的信息技术。

遥感即遥远感知,指的是在不直接接触目标物的情况下,利用飞机、卫星等飞行器携带遥感仪器,通过目标物反射或辐射的不同电磁波谱、光谱,收集影像、扫描、感应等信息,从而探测和识别地面地物的特征性质以及变化状态(张久华等,2011;于镇华等,2008;周春兰,2009)。现代遥感技术具有观测范围广、精度高、实效性强、数据综合性和对比度高、观测技术手段多样等特点,目前可广泛应用于军事、海洋、地质、环境、地理、水文、气象、农林业、环保等领域(张久华等,2011;于镇华等,2008)。

地理信息系统指的是在计算机硬件和软件系统的支持下,对地表空间中的地理信息数据(遥感图形、空间定位、图形、属性等数据)进行采集、存储、管理、建模、运算、分析的信息技术系统(张久华等,2011;于镇华等,2008;周春兰,2009)。地理信息系统技术具有很强的模拟、分析、综合数据的能力,可以提供其他常规信息系统不可获得的重要信息。其应用遍布于土地资源管理、环境动态监测、地质灾害监控、城市管理规划等各个领域(李德仁,2003)。

全球定位系统指的是利用人造地球卫星,收集经纬度及高程信息,从而实现对地表目标点的精确定位、时距测量及导航(张久华等,2011;周春兰,2009)。它具有全天候、全球性、精度高等特点,可以完成精确定位、精确定时、精确测速,目前在交通调度监控、农林勘测、通信系统、地灾监测等领域都有广泛的应用(于镇华等,2008)。

二、调查方法与技术路线

(一)收集遥感数据

遥感数据是解译工作的基础,由于数据来源不同,格式和比例尺、分辨率等也不尽相同,需要进行专门的数据处理工作对数据进行整合,从而能有效利用。常见的遥感数据源如下。

1. TM 和 ETM 遥感数据

1）遥感平台

美国陆地卫星五号(LANDSAT-5)和七号(LANDSAT-7)（表3-1、表3-2）。

表3-1　LANDSAT-5 传感器参数

波段号	波段	频谱范围/μm	分辨率/m
B1	Blue-Green	0.45～0.52	30
B2	Green	0.52～0.60	30
B3	Red	0.63～0.69	30
B4	Near IR	0.76～0.90	30
B5	SWIR	1.55～1.75	30
B6	LWIR	10.40～12.5	120
B7	SWIR	2.08～2.35	30

表3-2　LANDSAT-7 传感器参数

波段号	波段	频谱范围/μm	分辨率/m
1	Blue-Green	0.450～0.515	30
2	Green	0.525～0.605	30
3	Red	0.630～0.69	30
4	Near IR	0.775～0.90	30
5	SWIR	1.550～1.75	30
6	LWIR	10.40～12.5	60
7	SWIR	2.090～2.35	30
8	Pan	0.520～0.90	15

2）卫星参数

近极近环形太阳同步轨道；轨道高度：705km；倾角：98.22°；运行周期：98.9min；24h绕地球：15圈；穿越赤道时间：上午10点；扫描带宽度：185km；重复周期：16d；卫星绕行：233圈。

3）TM、ETM 特点

时间积累长，覆盖面大，信息量丰富。

成图比例尺 1∶5万～1∶15万，满足国家级和省级宏观监测的要求。

2. SPOT 系列遥感数据

1）卫星平台

SPOT-1——1986 年 2 月 22 日；SPOT-2——1990 年 1 月 22 日；
SPOT-3——1993 年 9 月 22 日；SPOT-4——1998 年 3 月 24 日；
SPOT-5——2002 年 5 月 3 日（表 3-3）。

2）特点

对建设用地比较敏感；成图比例尺 1∶3 万～1∶5 万。数据范围 60km×60km。SPOT 与 TM 数据是遥感监测常用的数据，两者的融合是遥感监测过程中常用的组合方式，更重要的是有助于非遥感专业人员的识图。

表 3-3　SPOT-5 成像装置的分辨率和视场等参数

感测器	视场/(km×km)	图像类型		波段/μm	地面分辨率/m
HRG	60×60	全色影像	超模式全色影像（Super mode PAN）	0.48～0.71	2.5
			全色影像（PAN）	0.48～0.71	2.5
		多光谱影像	B1	0.50～0.59	10
			B2	0.61～0.68	10
			B3	0.78～0.89	10
			B4	1.58～1.75	10
HRS	120×120	全色影像		0.49～0.69	10

3. 其他高分辨率遥感数据

1）IKNOS 数据

数据范围 11km×11km，拥有 3 个多光谱和 1 个全色光谱，分辨率有 4m 和 1m 两种，分辨率高，成图比例尺可达 1∶5000，满足微观监测要求。

2）Quick Bird（快鸟）数据

快鸟卫星是目前世界上商业卫星中分辨率最高、性能较优的一颗卫星。其全色波段分辨率为 0.61m，彩色多光谱分辨率为 2.44m，幅宽为 16.5km（表 3-4）。

表 3-4　Quick Bird（快鸟）卫星参数

参数	高度:482km	高度:450km
轨道	类型:太阳同步，10:00am 降交点 周期:94.2min	93.6min

续表 3-4

参数	高度:482km	高度:450km
传感器分辨率和光谱带宽	全色: 65cm GSD(星下点) 黑白:405~1053nm 多光谱: 2.62m GSD(星下点) 蓝色:≥430~545nm 绿色:≥466~620nm 红色:≥590~710nm 近红外:≥715~918nm	全色: 61cm GSD(星下点) 多光谱: 2.44m GSD(星下点)
动态范围	每像素 11 位	
测绘幅宽	标测绘幅宽18.0km(星下点)	标测绘幅宽16.8km(星下点)
姿态确定与控制	类型:三轴稳定 量体跟踪器/IRU/反作用轮,GPS	
重新瞄准目标的敏捷性	旋转200km所需的时间:37s	38s
星载存储器	128Gb 容量	
通信	有效载荷数据:320Mbps X 波段 星务:X 波段从 4kbps,16kbps 和 256kbps 起,2kbps S 波段上行链路	
回访频率(北纬40°)	以1m或1m以下 GSD 成像时,2.5d 以偏离星下点20°或以下成像时,5.6d	以1m或1m以下 GSD 成像时,2.4d 以偏离星下点20°或以下成像时,5.9d
度量精确度	23m CE90,17m LE90(无地面控制)	
容量	每天 200 000km²	

4. 中国自主研发高分卫星

1)遥感平台

高分一号;高分二号;高分三号。

2)卫星参数

高分一号于2013年4月26日在酒泉卫星发射中心由长征二号丁运载火箭成功发射,是高分辨率对地观测系统国家科技重大专项的首发星,配置了2台2m空间分辨率全色和8m空间分辨率多光谱相机,4台16m空间分辨率多光谱宽幅相机。设计寿命5~8a。高分一号卫星具有高、中空间分辨率对地观测和大幅宽成像结合的特点,2m空间分辨率全色和8m空间分辨率多光谱图像组合幅宽优于60km;16m空间分辨率多光谱图像组合幅宽优于800km(表3-5)。

表 3-5 高分一号卫星参数

GF-1 卫星轨道和姿态控制参数	
参数	指标
轨道类型	太阳同步回归轨道
轨道高度	645km
轨道倾角	98.0506°
降交点地方时	10:30am
回归周期	41d

GF-1 卫星有效载荷技术指标						
载荷	普段号	普段范围/μm	空间分辨率/m	幅宽/km	侧摆能力	重访时间/d
全色多光谱相机	1	0.45~0.90	2	60（2 台相机组合）	±35°	4
	2	0.45~0.52	8			
	3	0.52~0.59				
	4	0.63~0.69				
	5	0.77~0.89				
多光谱相机	6	0.45~0.52	16	—		2
	7	0.52~0.59				
	8	0.63~0.69				
	9	0.77~0.89				

高分二号卫星是我国自主研制的首颗空间分辨率优于 1m 的民用光学遥感卫星，搭载有两台高分辨率 1m 全色、4m 多光谱相机，具有亚米级空间分辨率、高定位精度和快速姿态机动能力等特点，有效地提升了卫星综合观测效能，达到了国际先进水平（表 3-6）。

高分二号卫星于 2014 年 8 月 19 日成功发射，8 月 21 日首次开机成像并下传数据。这是我国目前分辨率最高的民用陆地观测卫星，星下点空间分辨率可达 0.8m，标志着我国遥感卫星进入了亚米级"高分时代"。

高分三号卫星是中国高分专项工程的一颗遥感卫星，为 1m 分辨率雷达遥感卫星，也是中国首颗分辨率达到 1m 的 C 频段多极化合成孔径雷达（SAR）成像卫星，由中国航天科技集团公司研制（表 3-7、表 3-8）。

5. 遥感数据获取途径

以上部分遥感数据，可通过以下网址查询并获取：
(1) 中国遥感数据共享网（http://eds.ceode.ac.cn/sjglb/dataservice.htm）。
(2) 中国遥感数据共享网-RTU 产品（http://ids.ceode.ac.cn/rtu/）。
(3) 中国资源卫星中心（http://218.247.138.119:7777/DSSPlatform/index.html）。
(4) 地理空间数据云（http://www.gscloud.cn/）。

表 3-6 高分二号卫星参数

GF-2卫星轨道和姿态控制参数	
参数	指标
轨道类型	太阳同步回归轨道
轨道高度	631km
轨道倾角	97.9080°
降交点地方时	10:30am
回归周期	69d

GF-2卫星有效载荷技术指标						
载荷	普段号	普段范围/μm	空间分辨率/m	幅宽/km	侧摆能力	重访时间/d
全色多光谱相机	1	0.45~0.90	1	45（2台相机组合）	±35°	5
	2	0.45~0.52	4			
	3	0.52~0.59				
	4	0.63~0.69				
	5	0.77~0.89				

表 3-7 高分三号轨道卫星参数

参数	指标
轨道高度	755km
轨道类型	太阳同步回归晨昏轨道
波段	C波段
天线类型	波导缝隙相控阵
平面定位精度	无控优于230m（入射角20°~50°,3σ）
常规入射角	20°~50°
扩展入射角	10°~60°

表 3-8 高分三号其他卫星参数

成像模式名称		分辨率/m	幅宽/km	极化方式
滑块聚束（SL）		1	10	单极化
条带成像模式	超精细条带（UFS）	3	30	单极化
	精细条带1（FSⅠ）	5	50	双极化
	精细条带2（FSⅡ）	10	100	双极化
	标准条带（SS）	25	130	双极化
	全极化条带1（QPSⅠ）	8	30	全极化
	全级化条带2（QPSⅡ）	25	40	全极化

续表 3-8

成像模式名称		分辨率/m	幅宽/km	极化方式
扫描成像模式	窄幅扫描（NSC）	50	300	双极化
波成像模式（WAV）	宽幅扫描（WSC）	100	500	双极化
	全球观测成像模式（GLO）	500	650	双极化
		10	5	全极化
扩展入射角（EXT）	低入射角	25	130	双极化
	双极化	高入射角	25	80

（二）遥感图像前处理

1. 图像校正

图像校正分为正射校正和几何校正两种，前者基于影像物理参数模型和数字高程模型（DEM），后者基于模拟数学模型。

1）高分辨率影像正射校正

以高分二号卫星影像正射校正为例，使用 1∶1 万 DEM 和地形图，采集少量控制点，通过 ENVI 软件选择高分二号卫星影像对应的 RPC 模型进行正射校正处理。

2）几何校正

当原始影像没有提供轨道参数或无法获取 DEM 时，一般采用几何校正法，即通过在影像与标准地图间建立同名点的方式，采用数学公式模拟影像变形，从而对影像畸变进行校正的方法（图 3-1）。

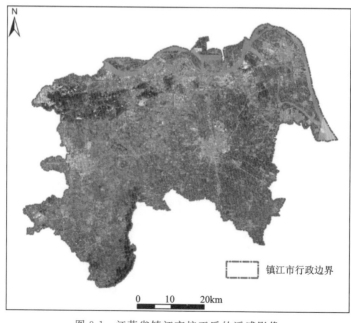

图 3-1 江苏省镇江市校正后的遥感影像

2. 波段组合

以 LANDSAT-8 数据(TM 传感器)为例:TM 数据共有 7 个波段,各个波段包含的信息量多少不一,总的看以 5 波段最为丰富;7、4、3、1 波段其次。根据图像的统计数据得出信息量最丰富的波段组合方式。其中,4、3、2 波段合成真彩色图像,接近地物真实色彩,图像平淡,色调灰暗;5、4、3 波段合成标准假彩色图像,地物色彩鲜明,有利于植被(红色)分类,水体识别(图3-2);5、6、4 波段合成非标准假彩色图像,红外波段与红色波段合成,水体边界清晰,利于海岸识别,植被有较好显示,但不便于区分具体植被类别;7、6、5 波段对大气层穿透能力较强;6、5、2 波段植被类型丰富,便于植被分类;此次采用了 4、3、2 波段组合进行真彩色合成(图 3-3)。

图 3-2 LANDSAT 5、4、3 波段组合
(便于水体、植被识别)

图 3-3 LANDSAT 4、3、2 真彩色波段组合
(接近地物真实色彩)

3. 数据融合

以高分二号卫星影像的融合处理为例:基于遥感数据的多光谱和全色波段特点,将原始数据的全色波段和多光谱波段进行融合。影像融合后既保持了多光谱的特性,又具有全色数据的高分辨率信息,提高了影像的可识别性。通过融合处理突出反映各地物信息及其变化的空间信息和光谱信息,便于解译和分析(图 3-4、图 3-5)。

图 3-4 融合前的遥感影像

图 3-5 融合后的遥感影像

4. 图像镶嵌

有时因工作区范围较大,要对遥感数据进行镶嵌,将不同图幅的遥感数据进行镶嵌拼接处理,考虑影像入射角及高程信息计算镶嵌线,使镶嵌线走向最优。在具体镶嵌时,遥感数据均采用近自然色波段组合,以整体控制影像的色彩,减小色调偏差。同时,对遥感数据进行了分波段直方图色调匹配处理,镶嵌线周围的个别色差采用局部调色和色调平滑处理方法。

经过正射纠正的真彩色镶嵌产品具有接近现实的真彩色并且无明显的拼接线痕迹,从而对于较大的工作区可以更方便地从整体上进行把握(图3-6)。

图3-6 镶嵌后的高分二号遥感影像(图中细线为拼接线)

(三)常用遥感解译方法

1. 计算机自动解译

计算机自动解译,是指通过遥感解译人员对解译目标的特点进行区分,采用计算机图像处理技术,如傅里叶变换、卷积变换、空间滤波或主成分分析等,实现地物特征信息的计算机自动提取。

2. 人机交互解译

人机交互解译,系指解译人员直接在计算机荧光屏上对遥感图像进行地物特征的判释,或是在计算机荧光屏上对边界不清楚的地物特征进行放大或采用其他的波段组合图像、单波段图像、比值图像解译,必要时进行局部的图像处理(如边缘增强处理),并将解译成果集成在相应图层上。

3. 目视解译

目视解译,常用的目视解译方法有直判法、对比法和逻辑推理法3种,主要是依赖基础资料,结合遥感数据特征进行分析,完成地物特征的提取。

(四)建立遥感解译标志(曾斌等,2019)

在进行遥感信息提取之前,首先要建立遥感解译标志。遥感解译标志可根据地质环境及地质灾害的影响标志直接进行地物解译,确定其类别,这些标志包括遥感影像上反映地物反射光谱特征的颜色信息、形态信息和综合信息等。

在遥感影像上,不同的地物有不同的特征,这些影像特征是判读识别各种地物的依据,常用的直接判读标志有形状、大小、颜色和色调、阴影、位置、结构(图案)、纹理、立体外貌等;间接判读标志有水系、地貌、土质、植被、气候、人类活动等。

另外,在进行室内遥感解译前,需进行野外踏勘,结合遥感数据特征建立相关地物的解译标志。

1. 地质灾害解译标志

1)崩塌解译标志(表 3-9,图 3-7,图 3-8)

表 3-9 崩塌的解译标志

具体解译标志		
直接解译标志	色调	遥感影像上呈现浅色调或白色;尚在发展或刚发生不久的崩塌,由于岩块崩落,基岩出露部分具有新鲜结构面,对光谱反射能力较强,在影像上呈浅色调;已经发生的崩塌或趋于稳定的崩塌,色调相对灰暗,但整体上仍以浅色调为主
	平面形态	多为块状、线状、细长的扇形、齿形或新月形等
	剖面形态	发生崩塌的陡坡地段其坡面形态为上陡下缓
	崩塌壁	呈浅色调或灰白色,边界呈弧形锯齿状细线;崖壁凹凸不平,有粗糙感,有明显的麻斑状影像特征
	崩塌体	堆积在平缓斜坡地段或谷底,常形成锥形或细长扇形的倒石锥;表面粗糙不平,有时可出现巨大石块影像,呈浅色调不规则斑块影像
间接解译标志	地形地貌	崩塌一般发生在高差较大的陡峻山坡与峡谷陡岸上,较易在坡度为 50°～70°的陡坡地段发生
	地质构造	易发生在岩性较为坚硬,节理发育的地区;大型崩塌体常常发生在活动构造(如断裂构造)或地震区等
	植被特征	崩塌壁一般无植被生长;新生崩塌植被较少,老崩塌体植被覆盖往往因遭破坏而呈丛状
	其他特征	崩塌体有时会堵塞河道,且在崩塌处上游形成堰塞湖,或崩落的巨石滚落至河道中,影像上可见崩塌体下方的河流出现异常水花

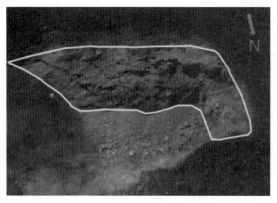
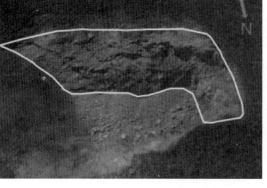

图 3-7　崩塌的遥感解译标志　　　　　　图 3-8　崩塌遥感解译标志野外验证

2)滑坡解译标志(表 3-10,图 3-9、图 3-10)

表 3-10　滑坡的解译标志

		具体解译标志	
直接解译标志	色调	滑坡体大多由松散堆积物组成,具有较强的光谱反射能力,在影像上呈明显浅色调	
	平面形态	多呈圈椅形、弧形、簸箕形、马蹄形、新月形、梨形、舌形等	
	剖面形态	多呈凹形、凸形、直线、阶梯状等	
	滑坡体	滑坡体两侧常形成沟谷,自然沟切割较深,有时会出现"双沟同源现象"	
	滑坡台阶	滑坡体表面形成不均匀落差平台,影像上表现为高低不平的地貌;封闭洼地常积水,在影像上呈深色调	
	滑坡裂缝	滑体滑移停止以后滑坡裂缝逐渐发育成冲沟,在遥感影像上表现为带状影纹和明显的色调差异	
	滑坡舌	滑坡舌延伸到平缓斜坡或河道,遥感影像上表现为较自然地面略高的舌状影纹	
间接解译标志	地形地貌	多发生在地形坡度较陡的山地,如峡谷中的斜坡、分水岭地段的阴坡、侵蚀基准面极具变化的主支沟交会地段等;滑坡过程是由陡坡变为缓坡的位能释放过程,故滑坡的总体坡度较周围山体平缓	
	地层岩性	由页岩、泥岩以及地表覆盖层(黏土、碎石土等)组成,这些土石体抗剪强度低,易变形发生滑坡;一些节理裂隙发育的岩石、较软弱岩层也会发生滑坡	
	植被特征	活动滑坡坡体上没有巨大直立树木,可见小树或醉汉林;古滑坡坡体上可见"马刀树"	
	其他特征	因滑坡舌阻塞河道,导致局部河道突然变窄、河流向外凸出以及河流改道等	

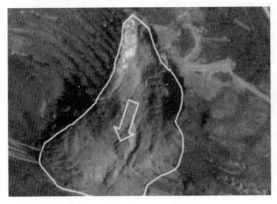

图 3-9 滑坡的遥感解译标志

图 3-10 滑坡遥感解译标志野外验证

3) 泥石流解译标志 (表 3-11,图 3-11、图 3-12)

表 3-11 泥石流的解译标志

		具体解译标志
直接解译标志	色调	植被覆盖度低或物质被覆盖,在影像上呈明显的浅色调
	平面形态	多呈锥形、扇形、蝌蚪形等
	形成区	多为三面环山,呈瓢形或漏斗形,山坡陡峻,谷坡两侧阴影色调反差明显;区内植被破坏严重,松散固体物质丰富
	流通区	多为峡谷地形,沟床较直,沟槽宽窄不一,整体平面呈扁形;两侧山坡较稳定,断面呈"V"形或"U"形;坡度较物源地段缓,较沉积地段陡,一般为 10°～20°;沟槽弯曲段可见灰白色调的粗砾堆积物,影像特征粗糙;沟槽顺直段,堆积物少,具冲刷影像特征
	堆积区	位于沟谷出口处,坡度较缓,在 10°以下,常形成洪积扇或冲击锥,洪积扇轮廓明显,呈浅色调,扇面多呈漫流或汊流状态,影像结构上具强烈粗糙感;堆积物常堵塞河床,新堆积扇呈浅白色,老堆积扇稍有植被分布,色调较浅
间接解译标志	地形地貌	一般山高谷深,沟床比降大,流域形状利于水流汇集;在宽缓河谷中也可能形成
	物质源	流域内山坡面有来自滑坡、崩塌、岩石碎屑物质、第四系松散堆积物等丰富的固体物源
	水源	有强大的暴雨、融雪或冰湖溃决等提供水源,作为激发条件搬运介质

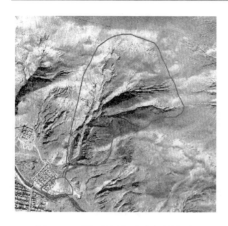

图 3-11 泥石流的遥感解译标志

图 3-12 泥石流遥感解译标志野外验证

2. 承灾体解译标志

承灾体一般为村庄建设用地、公路、农田等。村庄呈现较明显的矩形聚集区，房屋呈现矩形状灰白色斑块，公路颜色较深，呈现明显的连续的条带状，农田呈现不规则的网格状，有明显的界线，颜色与周围地物有明显的差异，不同的季节，呈现出不同的颜色。公路、农田、建设用地的遥感解译标志见图 3-13～图 3-18。

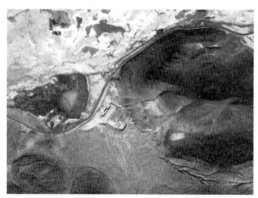

图 3-13 公路遥感解译标志

图 3-14 公路遥感解译标志野外验证

图 3-15 农田遥感解译标志

图 3-16 农田遥感解译标志野外验证

图 3-17 建设用地遥感解译标志　　　　图 3-18 建设用地遥感解译标志野外验证

3. 土地利用类型解译标志

不同的土地利用类型,在遥感影像上有不同的地物特征。遥感影像数据的灰度值的大小及其变化主要是由地物的类型及其变化所引起的。因此,利用遥感数据对地物的类型及状态信息的提取,不仅可以进行定性分析,而且对某些地物及特征可以进行定量分析。研究区范围内的土地利用类型可分为林地、雪地、裸地、水体、建设用地。

1)林地遥感解译

林地有乔木林和灌木林。植物叶片组织对红光和蓝光强烈吸收,对绿光和近红外光强烈反射,在植被覆盖越高的地区,红光反射越小,而近红外光反射越大,最常见的归一化植被指数(NDVI)可以很好地区分林地与其他地物。在遥感影像上,林地影像特征明显,高分一号影像 3、2、1 波段组合下显示为深绿色(图 3-19、图 3-20)。

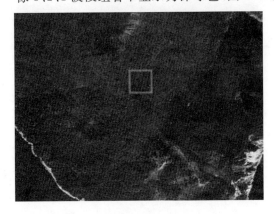 

图 3-19 林地遥感解译标志　　　　图 3-20 林地遥感解译标志野外验证

2)雪地遥感解译

雪地在遥感图上一般显示为亮白色,可以很好地与其他地物区别开来(图 3-21、图 3-22)。

图 3-21　雪地遥感解译标志　　　　　　　图 3-22　雪地遥感解译标志野外验证

3）裸地遥感解译

人为活动在开发过程中对地表产生了较大的扰动，在遥感影像上表现为光谱反射率比较高，在遥感影像全色波段呈现亮白色。

裸地在遥感影像上的基本特点是植被覆盖度低，其植被指数值非常低。在遥感影像上通常表现为裸地的光谱值远高于其他地物类型（图 3-23、图 3-24）。

图 3-23　裸地遥感解译标志　　　　　　　图 3-24　裸地遥感解译标志野外验证

4）水体遥感解译

水体在近红外及中红外波段的反射能量很低，而植被、土壤等其他地物在这两个波段内的吸收能量较小，具有较高的反射特性，这使得水体在这两个波段上与植被、土壤等其他地物有明显的区别，可以利用水体的波谱特性很好地将其与其他地物区分开来（图 3-25、图 3-26）。

5）建设用地遥感解译

建设用地的最大特点表现为其植被指数值较小。另外由于在遥感影像上可见到的建筑物为其屋顶，建筑物的屋顶的波谱特征受建筑材料的影响，不同建筑材料的光谱特征存在差异。如灰白色的石棉瓦屋顶反射率最高，沥青沙石屋顶由于表面覆盖着土黄色沙石，色调较浅（图 3-27、图 3-28）。

图 3-25 水体遥感解译标志

图 3-26 水体遥感解译标志野外验证

图 3-27 建设用地遥感解译标志

图 3-28 建设用地遥感解译标志野外验证

(五)野外验证

野外调查验证是遥感调查不可缺少的重要环节,也是检查遥感解译准确性、深化遥感解译标志和建立遥感图像地质灾害整体认识重要且必不可少的步骤。野外调查验证的内容主要包括:

(1)各种遥感解译标志的检验。

(2)对初步解译中的重点地区和属性不明的解译成果,根据需要进行实地调查,查明其属性和特征。

(3)对已认定属性的解译成果,按一定路线进行实地验证,评价解译的可靠程度以提高最终解译成果的置信度。

(4)对每个地质灾害点进行野外调查验证时,按照地质灾害遥感调查技术规定,填写相应的野外验证表。

（六）图件编制

1. 图件编制原则

遥感解译成果图件应依据实际调查结果，以与地质灾害密切相关的地质环境条件为基础，以客观的地质灾害为研究对象，通过规范的方法、步骤和统一的图例在图面上综合表示出来，形成一套重点突出、图面清晰、层次分明、实用易读的遥感解译成果系列图。

2. 图件编制步骤

1）地理背景要素编制

编制地理背景要素是为了反映研究区主要地理背景条件，由地形高程、水系、交通、居民地等图层构成。

2）地质背景要素编制

地质背景要素主要表示地质灾害形成发育的地质环境背景条件，由地层岩性、地质构造、工程地质岩组等图层构成。

3）地质灾害要素编制

由遥感解译的地质灾害的位置、类型、规模、范围边界等图层构成。用统一的灾害符号表示，符号形状、颜色、大小表示灾害的类型、性质、规模，并标注灾害编码，灾害符号严格按照相关规范执行。

4）统计图表

将遥感解译的地质灾害类型、规模统计结果生成统计图表，镶在遥感解译成果图上，反映遥感解译定量结果。

第二节　基于传感器的地质环境系统要素监测

"水、岩、土、气、生"是地质环境物质构成要素，因此，地质环境监测对象可分为"水"要素的监测、"岩-土"（变形位移）要素的监测、"岩-土"（理化指标）要素的监测、"气"要素的监测，以及其他相关要素的监测（表3-12）。

表3-12　地质环境监测分类表

监测对象	监测要素	监测项目
水	地下水资源量；地下水开采区、水位降落漏斗范围、污染区、盐（咸）水入侵区、地方病区的水质；与大气圈、水圈相互作用的其他物理和化学要素	地下水水位、水温、水量（泉涌量）、水质、流速、孔隙水压力、降水量

续表 3-12

监测对象		监测要素	监测项目
岩-土	变形位移	岩石的变形和移动；松散土层的压缩和膨胀	地表位移形变、深部位移、土压力、应变、分层土体变形、泥位
	理化指标	土壤物理特性、化学特性、元素分布、土壤肥力和污染程度	土壤粒径、土壤含水量、土壤导电率(EC)、土壤酸碱度(pH 值)、土壤氧化还原电位(Eh)、土壤阳离子交换量(CEC)、土壤碱化度、土壤水溶性全盐量(易溶盐)、土壤养分元素、土壤重金属浓度
气		放射性气体、岩溶系统气压	氡气浓度、气压
其他相关因素		次声波及可听声波；与大气圈、水圈、生物圈相互作用的其他物理要素	地声、植被指数

一、"水"要素的监测

地下水环境监测的重点是针对地下水的资源量和质量监测，主要监测内容包括地下水水位、水温、水量、水质、流速、水压等，监测技术与设备见附表1。

（一）地下水水位

地下水水位监测主要是监测含水层水位埋藏深度的变化。对于潜水含水层即测量地面到潜水面的垂直深度；对于承压水含水层则是测量地面到钻孔揭露承压水含水层时井孔水面的垂直深度。

本书主要介绍自动采集仪器：压力式水位仪、感应水位仪、自动水位水温仪、超声波式水位仪以及远程遥测系统等。

1. 压力式水位仪

压力式水位仪(图 3-29)是根据静水压力原理即压力与水深成正比关系，以压敏元件作为传感器的一种水位计。

图 3-29　压力式水位仪 DATA-5101

该种传感器灵敏度高,响应时间短,一般≤1ms;测量精度等级高,可达0.1级,而且耐高温、耐腐蚀;体积偏小,便于携带、安装与投放,但对于有泵的井不适用。

2. 感应水位仪(国土资源部地质环境司等,2014)

感应水位仪由井下电极、导线、信号灯、晶体管元件等构成,电源交直流两用。使用方法简单便捷,当井下电极接触水面时,信号灯显示,同时电表指示已到水位,从测尺上读出读数,即可知道地下水水位埋深(图3-30、图3-31)。

图3-30 电子式感应水位仪
(引自 www.chem17.com/product/detail/27717853.html)

图3-31 钢尺式直读水位仪

感应水位仪是比较直接和简单的水位测量仪器,目前野外工作使用较多。测绳易于携带,刻度便于直接读取数据。

3. 自动水位水温仪(国土资源部地质环境司等,2014)

自动水位水温仪由压力传感器、温度传感器、电缆线、数据连接线和数据传输装置构成(图3-32),适用于大范围地下水日常监测及数据传输的工作需要。该仪器可连续测量井(孔)中地下水水位和水温,存储空间较大。

图3-32 自动水位水温仪

4. 超声波式水位仪(国土资源部地质环境司等,2014)

对准井口向下发射超声波,通过水面反射回波在空气中的传播时间由显示表直接读数,或通过数据接口由计算机进行数据回收。该仪器适用于水位埋深较浅的地区,适宜快速一次性观察及连续且频繁变化的水位观测,但其缺点是受外部环境影响大(图 3-33)。

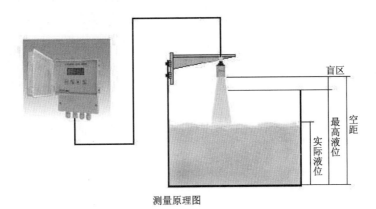

图 3-33 超声波式水位仪工作原理示意图
(引自 supply.hbzhan.com/sale/detail-12159029.html)

5. 远程遥测系统

地下水远程监测系统是基于自动采集部分与 GSM(水位值依靠短信形式自动传输)、GPRS(通过无线网水位值自动传输)以及卫星传输(通过卫星信号自动传输)设施相结合,形成的一套异地远程监测装置(图 3-34)。

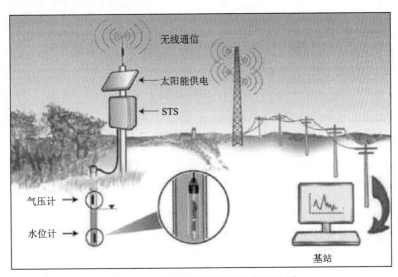

图 3-34 地下水遥测系统工作原理图
(引自 https://baike.baidu.com/item/地下水环境监测技术规范)

(二)地下水水温

1. 温度计

常用温度计有酒精温度计和普通水银温度计。该种仪器适用于水温低于气温,地下水观测井的井(孔)测口的口径大于温度计的专用金属壳外径。温度计的精度一般较差,易受气温影响,且震动易引起水银柱脱节或下降造成误测。

2. 数字显示测温仪

数字显示测温仪由感温探头、手持表式数显仪等组成。该种仪器适用于不同深度和小口径钻孔的地下水水温及热水水温的观测(图 3-35)。

图 3-35 热敏电阻测温仪

3. 自动监测装置

水温自动监测装置主要分为两类:①由振荡器、分压器、放大器、检波器、指示灯和电缆等构成的可连续测量井(孔)的自动装置;②由复合式水温仪探头、主机、信号传输电缆等组成的可按需求设置测量间隔的自动装置(图 3-36、图 3-37)。

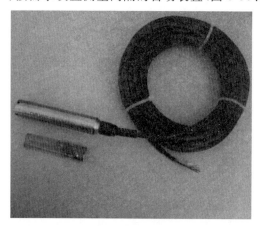

图 3-36 压力式水位水温仪

图 3-37 地下水自动监测仪

(三)地下水水量(国土资源部地质环境司等,2014)

地下水水量监测主要是测量地下水(或地下热水)孔(井)及泉的水量。常用的方法主要有容积法、堰测法、流速仪法和浮标法。

1. 容积法

容积法主要使用量水箱、水塔、蓄水池及时钟等设备。通过记录量水箱、水塔和蓄水池中水位上升高度及相应的时间 t,计算涌水量 Q。

$$Q = V/t$$

式中，Q——涌水量(m^3/s)；

V——容器的体积(m^3)；

t——装水相应时间(s)。

2. 堰测法

使用堰测法时，堰箱水位波动较大，影响到观测精度，所以堰测法只适用于涌水量较大的水文环境。测量过堰水位 h 时，应在堰口上游 $\geq 3h$ 处进行。涌水量 Q 可以通过观测过堰水位进行计算获得，也可以根据水头高度（即过堰水位），查堰流量表获得。

堰测法通过使用三角堰（图 3-38）、梯形堰（图 3-39）和矩形堰（图 3-40）观测水位并查算表得知涌水量。

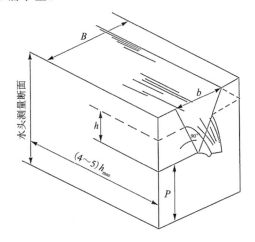
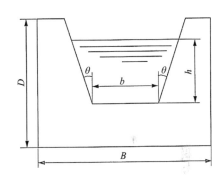

图 3-38 三角堰示意图

B. 渠道宽度；b. 堰口宽度；

h. 过堰水位（或水头高度）；P. 堰高

图 3-39 梯形堰示意图

B. 渠道宽度；D. 水头测量断面；

b. 堰口宽度；h. 过堰水位（或水头高度）

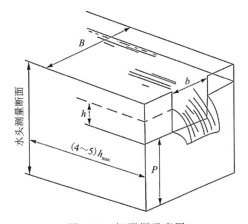

图 3-40 矩形堰示意图

B. 渠道宽度；b. 堰口宽度；P. 堰高；h. 过堰水位（或水头高度）

1)三角堰

适用条件:在涌水量较小时采用三角堰。

主要仪器设备:量水三角堰箱。

涌水量计算公式:

$$Q = ch^{\frac{5}{2}}$$

式中,h——过堰水位(cm);

c——随 h 变化的系数,其值查表 3-13。

表 3-13　三角堰法计算公式中系数 c 值选取表

h/cm	<5.0	5.1~10.0	10.1~15.0	15.1~20.0	20.1~25.0	25.1~30.0
c	0.014 2	0.014 1	0.014 0	0.013 9	0.013 8	0.013 7

使用方法:观测过堰水位,计算涌水量 Q,或根据水头高度,查三角堰水头高度与流量查算表(附表 2)。

2)梯形堰

适用条件:在涌水量较大时采用梯形堰。

主要仪器设备:量水梯形堰。

涌水量计算公式:

$$Q = 0.018\,6bh^{\frac{3}{2}}$$

式中:h——过堰水位(cm);

b——堰切口底宽(cm)。

使用方法:观测过堰水位,计算涌水量 Q,或查梯形堰水头高度与流量查算表(附表 3)。

3)矩形堰

主要仪器设备:量水矩形堰。

涌水量计算公式:

$$Q = 0.018\,38 \times (b - 0.2h) \times h^{\frac{3}{2}}$$

式中:h——过堰水位(cm);

b——堰切口底宽(cm)。

使用方法:观测过堰水位,计算涌水量 Q,或查矩形堰水头高度与流量查算表(附表 4、附表 5)。

3. 流速仪法

流速仪主要有旋杯式流速仪和旋桨式流速仪(图 3-41、图 3-42)。该测量法宜在流量较大的井、泉或测明渠流量时采用。井、泉流量测量,应在井、泉出水口设置明渠,选择顺直的渠段,用流速仪测量断面上各点的流速,计算水流量。其流量计算公式为:

$$Q = \sum_{l=1}^{n} f_l v_l$$

式中：f_1——测流断面分割的面积（m^2），由相邻测线深的平均值与其间水平距离相乘而得；

v_1——相应部分流速（m/s）。

图 3-41 旋杯式流速仪　　　　图 3-42 旋桨式流速仪

4. 浮标法

浮标法通过计算水流断面面积和水流速度的乘积来测量。流量计算公式为：

$$Q = K \times A \times V$$

式中：K——浮标系数；

A——水流横断面积（m^2）；

V——水面流速（m/s）。

水面流速计算公式为：

$$V = L/t$$

式中：L——上下断面的距离（m）；

t——浮标流经上下断面经历的时间（s）。

在井、泉出水口有明渠时，选择顺直的渠段投放浮标；一般河道 $K=0.8\sim0.9$；普通渠道水深为 $0.3\sim1.0$ 时，$K=0.55\sim0.75$；长满草的土渠中，$K=0.45\sim0.65$。

浮标法属于经验法，浮标系数 K 值较难确定，选用经验数值时，误差较大。仅适用于没有其他仪器设备测量水量时，粗略估算涌水量使用。

（四）地下水水质（国土资源部地质环境司等，2014）

地下水水质监测主要是监测地下水水体的质量，也就是地下水的物理、化学及生物学特征。

1. 地下水水质样品的代表性要求

采集的地下水样品用作化学分析时，要求能代表天然条件下的客观水质情况。

(1) 采取钻孔或观测孔里的水样时，采样前必须排出井孔中的积水，当所排出的水不少于 3 倍井孔积水体积且现场测试水质指示参数达到稳定时方可正式采样。

(2) 采取生产井水样时，要取当时开泵抽出的鲜水，不要在管网、水塘或蓄水池里取水。

(3) 采集自来水或有抽水设备的井水时，应先放水 $5\sim10$min，然后在井口或生产井排水管中采集水样，也可从距配水系统最近的水龙头或井口中将水样收集于瓶中。

(4) 采取民井水样时，不要选"死水井"，应在经常提水的民井中采集；取泉水水样时，应在泉口采集。

2. 采取水样的设备装置

常用的地下水水质取样装置有固定在监测井内的取样器和地面便携式取样器两种。如 Bailer 取样器(图 3-43)、Solinst 间隔取样器(图 3-44)、Waterloo 取样器(图 3-45)及相应的取样泵——包括蠕动泵(图 3-46)、气囊泵(图 3-47)等。

图 3-43　Bailer 取样器

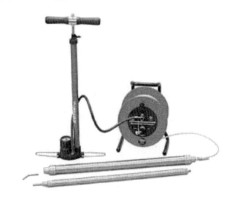

图 3-44　Solinst 间隔取样器

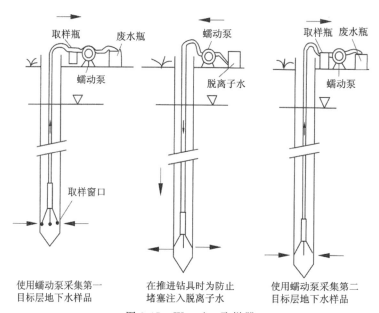

图 3-45　Waterloo 取样器

图 3-46　蠕动泵

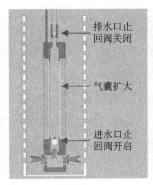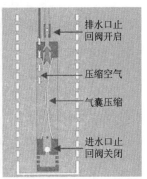

图 3-47 气囊泵及工作原理图

采样之前,根据分析项目和钻孔类型选择采样设备。采样设备对不同分析项目的适用性见附表 6,采样设备对不同类型钻孔的适用性见附表 7。所选采样设备应同时与附表 6 和附表 7 给出的适用范围相符合。

3. 现场分析技术

(1)通常的现场测试项目包括气温、水温、pH 值、电导率（EC）、氧化还原电位（Eh）、溶解氧（DO）、浊度。

(2)首先用温度计测定气温。

(3)将流动的水样采集至持续溢流的 5L 以上容器中。

(4)利用便携式水质分析仪(图 3-48)读取溶解氧、水温、氧化还原电位、pH 值、电导率、浊度的数值,每隔 3~5min 测量各水质指示参数一次。

图 3-48 便携式水质分析仪

(5)水质参数达到稳定的标准以测定参数的 3 个连续读数,达到表 3-14 中所列的要求为准,标志地下水水质已稳定,记录下最终读出的数值结果即可。

表 3-14 便携式水质分析仪测定水质参数时,读数应达到稳定的标准

参数	稳定标准
pH 值	±0.1
EC(电导率)	±3%
Eh(氧化还原电位)	±10mV
DO(溶解氧)	±0.3mg/L
浊度	±10%(当浊度>10NTUs 时)

4. 地下水水质非现场分析样品的采集

在上述现场水质测试项目稳定的条件下,即可进行水质采样。地下水水质样品的采集应针对不同的分析项目使用不同的方法。

1)水质全分析样品采集

采集水质全分析样品进行常规组分分析时,用 1000~2000mL 的干净塑料瓶采集,取样时用原水样冲洗瓶 2~3 次,不加任何固定剂密封低温保存。

2)金属元素分析样品采集

采集金属元素分析样时,采样瓶首先要用 1:1 的硝酸浸泡洗净,然后用蒸馏水冲洗 3 次,取样时用水样冲洗 2~3 次,必要时需用 0.45μm 的滤膜过滤水样,而后每 100mL 水样加入 1:1 优级纯硝酸 1mL,使 pH 值小于 2.4。

3)挥发性有机分析样品采集

图 3-49　挥发性有机样品瓶 VOA

(1)旋开 40mL 用于挥发性有机物测定的 VOA 瓶(图 3-49)螺旋盖,用玻璃滴管加入 4 滴 1:1 盐酸溶液。盐酸溶液可预先加入。

(2)将出水水管口伸入 VOA 瓶底部,使水样沿瓶壁缓缓流入瓶中,同时不断提升管口,直至在瓶口形成一向上的弯月面,迅速旋紧螺旋盖。

(3)将 VOA 瓶倒置,轻轻敲打,观察瓶内有无气泡和渗漏现象。

(4)采样合格的 VOA 瓶贴上标签后放入带密封条的塑料袋中密封保存。

(5)迅速将密封好的 VOA 样品瓶(图 3-49)放入装有冰袋的低温冷藏箱中保存。

4)特定组分样品采集

采集某些特定组分的样品,所需的最小采样量、采样要求的容器、保存的方法及允许保存的时间都有各自不同的要求,具体要求见附表 8。

(五)地下水流速(国土资源部地质环境司等,2014)

地下水流速是指地下水在含水介质中的运动速度,可以表示为实际速度和实际平均速度。监测地下水流速的目的是掌握地下水污染物质迁移速度和方向,确定地下水水力坡度和孔隙水压力。监测地下水流速的主要方法为示踪法。

示踪法是利用示踪剂对研究对象进行标记的微量分析方法,示踪剂应使用便于追踪的色素、荧光物质,尤其是各种同位素。地下水流速监测中常用放射性同位素或饱和食盐溶液作为示踪剂。

当前国内外地下水流速监测比较常用的同位素为 ^{131}I,一次测定的投入量为 1~2mci(1mci=37×10^{6}Bq),按照操作规程使用,对人体和环境不致产生超过规定的危害。利用放射性同位素可在单孔中测定地下水流速,也可用双孔或多孔测定地下水流速。

示踪法利用饱和食盐溶液或放射性核素作为示踪剂,对研究对象进行标记的微量分析方法,可以依据观测饱和食盐溶液在观测孔中出现的时间和浓度的变化情况,测量地下水流速和方向。该方法成本低、操作简便,但当地下水中含有高盐分时就不适用。

（六）孔隙水压力（国土资源部地质环境司等,2014）

自从太沙基(1883—1963)提出饱水黏土中孔隙水压力理论后,该监测内容在国外的滑坡稳定性评价中得到广泛的应用。国内主要用于地质灾害监测,也可用于地基处理工程中的监测。监测滑坡体内特别是滑带处的孔隙水压力等参数,根据这些参数的变化来预测预报暴雨诱发滑坡的可能性及危险程度,做到超前预报,以减轻或避免暴雨滑坡造成的巨大经济损失和人员伤亡,并为排水疏干法防治暴雨滑坡提供科学的依据(图3-50、图3-51)。

图 3-50　钢弦式孔隙水压力计

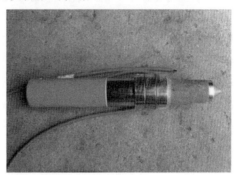

图 3-51　振弦式孔隙水压力计

（七）降水量

监测降水量是指在时间和空间上对降水量以及降水强度的监测。通常使用雨量计直接测定,常见的雨量计有翻斗式雨量计、虹吸式雨量计等。

翻斗式雨量计工作原理:雨水由最上端的承水口进入承水器,落入接水漏斗,经漏斗口流入翻斗,当积水量达到一定高度(比如0.01mm)时,翻斗失去平衡翻倒。而每一次翻斗倾倒,都使开关接通电路,向记录器输送一个脉冲信号,记录器控制自记笔将雨量记录下来,如此往复即可将降雨过程测量下来(图3-52、图3-53)。

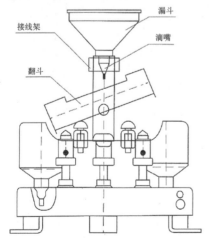

图 3-52　翻斗式雨量计结构图
（引自 https://www.TRUWEL.com/truwel_Chiclass_35 03407_1.html）

图 3-53　翻斗式雨量计
（引自 http://www.hi1718.com/product/2015 7991326359.html）

二、"岩-土"(变形位移)要素的监测(国土资源部地质环境司等,2014)

"岩-土"环境监测的重要方面之一是岩石及土体的变形和移动,主要监测内容包括地表位移形变、深部位移、分层土体变形等,见附表9。

(一)地表位移形变

地表位移监测分地表相对位移监测和地表绝对位移监测,包括垂直位移和水平位移。地表相对位移监测主要是对在地表形成的裂缝变化量的监测。地表绝对位移监测主要指地表指定点的三维位移量监测。

由于地表(包括地表建筑物)变形最为直观,而且仪器安装省工省时,投资少,因此地表形变监测方法是监测工作中被最优先考虑的技术方法。

地表形变监测采用的常规监测技术方法主要有测缝计法、水准测量法、全球卫星导航定位技术(GPS法)、高分辨遥感影像法、三维激光扫描法、测距法、干涉雷达法、激光雷达技术方法等。

1. 测缝计法

测缝计是一端固定在滑体上,另一端在仪器上用重锤或发条拉紧。当裂缝伸缩时,钢线被拉长或缩短,即可得到位移随时间的变化值。裂缝计法监测地表裂缝,其仪器原理简单,结构不复杂,便于操作,见效快,成果资料直观可靠。

测缝计的工作原理:对位移信号准确采集,采用振弦式或者压阻式等原理,转换为电信号进行输出,再把采集到的电信号准确换算成位移值(图3-54、图3-55)。

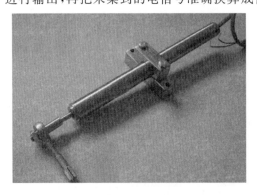

图3-54 表面型测缝计

图3-55 测缝计野外实测

2. 水准测量法

常规地面沉降监测一般采用重复精密水准测量方法,布设一、二等水准网后通过严密的平差程序,最终提取出每一期的微小地面沉降变化值。通过定期的重复观测,为研究与控制地面沉降提供准确、可靠的资料(图3-56)。

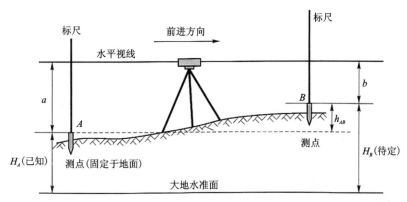

图 3-56　水准测量示意图

3. 全球卫星导航定位技术(GPS 法)

与常规水准测量技术相比,GPS 测量具有定位精度高、观测时间短、测站间无须通视、可提供三维坐标、操作简便、可全天候作业等优点(图 3-57)。

图 3-57　全球卫星导航定位技术(Trimble 双频 GPS 接收机)

目前 GPS 在平面的定位精度是 5mm,在垂直方向上测高程的绝对精度是水平方向上的 2~3 倍。如果采用相对定位技术,GPS 的定位技术将达到毫米级,对于缓变性的地面沉降,GPS 精度足以满足监测的需要。

4. 高分辨率遥感影像法

随着遥感传感器技术的不断发展,遥感影像对地面的分辨率越来越高,例如:美国 QUICKBIRD 卫星(2001)全色影像对地面的分辨率高达 0.61m,中国高分系列(GF)卫星(2014)的分辨率可以达到 0.8m。利用卫星遥感影像所反映的地面信息丰富,并能周期性获取同一地点影像的特点,可以对同一地质灾害点不同时相的遥感影像进行对比,进而达到对地质灾害动态监测的目的。

5. 三维激光扫描法

三维激光扫描技术是一种先进的全自动高精度立体扫描技术,又称为"实景复制技术",是继 GPS 空间定位技术后的又一项测绘技术革新(图 3-58)。它将传统测量系统的点测量扩展到面测量,可以深入到复杂的现场环境及空间中进行扫描操作,并直接将各种大型、复杂实体的三维数据完整地采集到计算机中,进而快速重构出目标的三维模型及点、线、面、体等各种几何数据,而且用所采集到的三维激光点云数据还可以进行多种后处理工作。

三维激光扫描仪按照扫描平台的不同可以分为机载(或星载)激光扫描系统、地面型激光扫描系统、便携式激光扫描系统。

图 3-58　三维激光扫描法(引自:www.titgroup.cn)

6. 测距法

测距法是利用电磁波学、光学、声学等原理测量距离的方法。在地表变形中采用土体沉降仪、激光测距仪、钢尺进行平面和垂直位移量测量。

激光测距仪在工作时向目标射出一束很细的激光,由光电元件接收目标反射的激光束,计时器测定激光束从发射到接收的时间,计算出从观测到目标的距离。激光测距仪误差仅为其他光学测距仪的 1/5 到数百分之一(图 3-59)。

图 3-59　激光测距仪

7. 干涉雷达法

合成孔径雷达 SAR (Synthetic Aperture Radar)是近20年发展起来的一种空间对地观测技术。干涉合成孔径雷达 InSAR (Interferomelry Synthetic Aperture Radar),是 SAR 与射电天文学干涉测量技术结合的产物,是通过两副天线同时观测,或一定时间间隔的两次平行观测,获取近同一景观的复图像对,由于目标与天线的几何关系,在复图像对上产生相位差,形成干涉图纹。干涉图包含了图像点与天线位位置差的精确信息。因此,利用传感器高度、雷达波长、波束视向及天线基线距之间的几何关系,可以精确地测量出图像上每一点的三维位置,其精度已经达到了毫米级(图3-60)。

图 3-60　InSAR 监测原理

8. 激光雷达技术方法

激光雷达是一项正在迅速发展的高新技术,机载激光扫描仪系统(LIDAR)集 LIDAR 激光测高计、GPS 全球定位系统、惯性测量器(IMU)为一体(图3-61)。当飞机机载该装置飞越地球表面时,它们能在获取所需图像及数码数据的同时,计算出传感器的精确位置与取向,给出数字高程图(DEM)。

 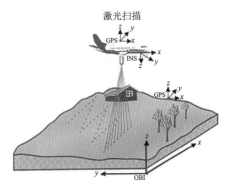

图 3-61　LIDAR 测量地面高程示意图(据国土资源部地质环境司等,2014)

(二)深部位移

深部位移监测可准确掌握正在活动的滑动面的位置、位移速率、滑带的数目及滑坡体随深度的位移情况。由于滑坡在多数情况下为非整体性移动,位移首先出现在内部,逐渐向上传递至地表,因此通过深部位移监测对滑坡的稳定性评价和早期预报更具有实际意义。

地下深部位移监测技术方法主要为钻孔测斜仪法,利用钻孔倾斜仪(图3-62)进行监测,主要适用于崩滑体形初期的监视,即在钻孔、竖井内测定滑体内不同深度的变形特征及滑带位置。钻孔倾斜仪按探头的安装和使用方法分为手提式和固定式两类。

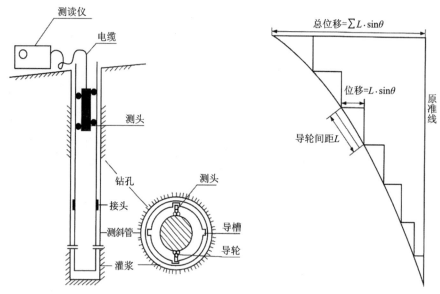

图 3-62 钻孔倾斜仪工作原理示意图

(三) 土压力

土压力通常认为是挡土构筑物周围土体介质传递给挡土构筑物的水平力,也可认为是竖向荷载在土体内部产生竖向土柱力,它包括土体自重应力、附加应力和水压力等。土压力大小直接决定着挡土构筑物及被挡土体的稳定和安全。

土压力计是测定土压力及其变化的仪器,现有土压力计的类型主要有钢弦式、差动电阻式、光纤光栅式、分离式等众多品种。钢弦式土压力计应用最为广泛。

钢弦式土压力计是由承受土压力的膜盒和压力传感器组成的。压力传感器是一根张拉的钢弦,一端固定在薄膜的中心上,另一端固定在支撑框架上。土压力作用在膜盒上,膜盒变形,使膜盒中的液体介质产生压力,液体介质将压力传递到传感器的薄膜上,薄膜中心产生挠度,钢弦的长度发生变化,自振频率随之发生变化。通过测定钢弦的自振频率,换算出土压力值(图 3-63)。

图 3-63 钢弦式土压力计

(四) 应变

应变测量就是测量弹性物体的变形量与原来体积的比值。在地质环境监测中应力应变测量的目的是确定岩土体的变形程度,进而判断岩土体稳定性。应变测量一般采用光纤应变计和埋入式振弦应变计。

1. 光纤应变计

光纤是一种利用光在玻璃或塑料制成的纤维中的全反射原理制作成的光传导工具,光纤应变计是根据光纤应变时,在光纤中传输的光程将发生变化来确定应变的。光纤应变计具有结构简单、稳定性和线性度好、信噪比高、灵敏度高、不受电磁和雷电干扰、不怕腐蚀、寿命长等优良特性。

2. 埋入式振弦应变计

埋入式振弦应变计由一根管子连接两个圆形法兰盘端块组成,管内安装有经热处理的高抗拉强度钢弦。两端平滑的圆形法兰盘可将被测岩土体变形传递到钢弦上,并根据被测岩土体是否经受拉伸、压缩或拉压两种可能性而调整初始钢弦的预拉程度(图3-64)。

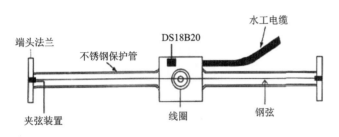
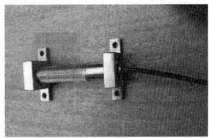

图 3-64　振弦应变计

(五)分层土体变形

基岩标(图3-65)是通过钻探方法埋设在地下完整基岩土的特殊观测点。标点直通地面,是进行地面沉降测量的水准起始点或高程控制点。

分层标(图3-66)是根据土层的性质,通过钻探方法埋设在地下不同深度土层或含水砂层中的特殊观测点。标点直通地面,随土层的压缩、膨胀而升降变化,由此观测此点到地面的沉降量或回弹量。通过与基岩标的联测,以此掌握不同地层在监测周期内的变化及其变形特征。

(六)泥位

泥石流发生时,其流量明显增大,通过监测泥石流在流通过程中的泥位,可以判断泥石流的发生和规模。监测方法有接触式和非接触式两种。

接触式是感知泥石流的到来并返回信息,如断线法,即在泥石流沟床内布设金属感知线,一旦泥石流冲断该线,断线信号发回而实现报警。接触法的另外一种是冲击力测量法,它是在泥石流沟床内布设冲击力传感器,一旦泥石流流过,其冲击力信号随即被捕捉并发回而实现报警(图3-67)。

非接触法包括地声监测法、超声波监测法,即用悬挂于沟床上方的传感器来监测沟床水位(或泥位)的变化,可设定阈值,超过一定的阈值,即可报警(图3-68)。

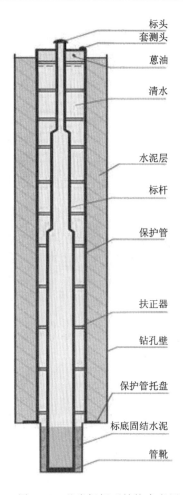
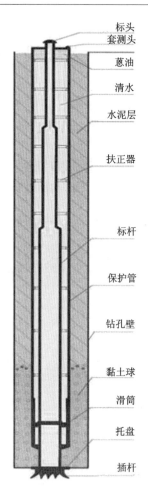

图 3-65 基岩标标型结构参考图　　图 3-66 分层标标型结构参考图

(摘自《地面沉降调查与监测规范批报稿(2015)》)

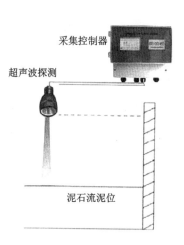

图 3-67 泥石流次声报警器　　图 3-68 超声波泥位监测仪工作原理示意图

(据吴汉辉,2015)

三、"岩-土"(理化指标)要素的监测(国土资源部地质环境司等,2014)

"岩-土"理化指标监测的重点是土壤质地和土壤重金属含量,主要监测内容包括土壤盐分、土壤有机质、土壤化学元素和土壤物理性质指标等。见附表9。

(一)土壤物理指标

1. 土壤粒径

土壤质地直接影响土壤水、肥、气、热的保持和运动,并与作物的生长发育有密切的关系,测试方法如下。

1)土工实验法

土粒的粒径变化范围非常大,粗粒组一般用筛析法,细粒组采用密度计法或移液管法。

2)激光粒度仪法

激光粒度分析仪是根据光的散射原理测量粉颗粒大小的,是一种比较通用的粒度仪。其特点是测量的动态范围宽、测量速度快、操作方便,尤其适合测量粒度分布范围宽的粉体和液体雾滴(图 3-69、图 3-70)。

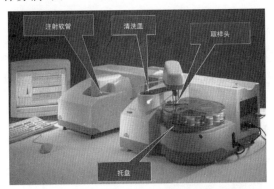 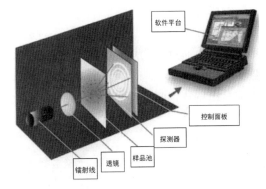

图 3-69 激光粒度仪   图 3-70 激光粒度仪原理图

(引自 http://geocloud.cgs.gov.cn/#/portal/methodEquipment/DetailsPageSecond?child_id=v_cpgl_yqsb_333101101020193869958&tableCode=v_cpgl_yqsb&jddm=333&dzcp_id=8a8889b96b7da139016b8cbd35b807fb)

3)吸管法

该方法由筛分和静水沉降结合组成,通过 2mm 筛孔的土样经化学和物理方法处理成悬浮液定容后,根据司笃克斯(Stokes)定律及土粒在静水中的沉降规律,大于或等于 0.25mm 的各级颗粒由一定孔径的筛子筛分,小于 0.25mm 的粒级颗粒则用吸管从其中吸取一定量的各级颗粒,烘干称量,计算各级颗粒含量的百分数,确定土壤的颗粒组成(粒径分布)和土壤质地名称。

4)比重计法

土样经化学和物理方法处理成悬浮液定容后,根据司笃克斯(Stokes)定律及土壤比重计浮泡在悬浮液中所处的平均有效深度,静置不同时间后,用土壤比重计直接读出每升悬浮液中所含各级颗粒的质量,计算其百分含量,并定出土壤质地名称。

2. 土壤绝对含水量

土壤绝对含水量是土壤中所含水分的数量,即100g烘干土中含有若干克水分,也称土壤含水率。含水率反映了岩土的状态,是了解黏性土稠度和砂土湿度的重要指标,又是计算岩土的干密度、孔隙比、饱和度、液性指数等的必要指标。其主要测试方法如下。

1)称重法

称重法也称烘干法,这是唯一可以直接测量土壤水分的方法,也是目前国际上的标准方法。用0.1g精度的天平称取土样的质量,记作土样的湿重,在105℃的烘箱内将土样烘6~8h至恒重,然后测定烘干土样,记作土样的干重。土壤含水量计算公式如下:

$$\theta = \frac{M - M_s}{M - M_H} \times 100\%$$

式中,θ——土壤含水率;

M——烘干前铝盒及土壤质量(g);

M_s——烘干后铝盒及土壤质量(g);

M_H——铝盒质量(g)。

2)张力计法

张力计法也称负压计法,它测量的是土壤水吸力,测量原理:当陶土头插入被测土壤后,管内自由水通过多孔陶土壁与土壤水接触,经过交换后达到水势平衡,此时,从张力计读到的数值就是土壤水(陶土头处)的吸力值,也即为忽略重力势后的基质势的值,然后根据土壤含水率与基质势之间的关系(土壤水特征曲线)就可以确定出土壤的含水率(图3-71)。

图3-71 土壤张力计

3)电阻法

多孔介质的导电能力是同它的含水量以及介电常数有关的,如果忽略含盐的影响,水分含量和其电阻间是有确定关系的(图3-72、图3-73)。电阻法是将两个电极埋入土壤中,然后测出两个电极之间的电阻,进而计算含水量。

4)土壤水分传感器法

水分传感器可分为两大类:一类是直接显示方式,另一类是用二次传感的方式。

直接显示方式又可分为3种类型:一是用吸力负压表显示型(又称负压张力计);二是电接点真空表显示型,常用于报警式水分传感报;三是用U型管水银柱显示型。3种直接显示方式中,U型水银柱显示型的精度最高,读数最准,误差最小,可精确到毫米。

 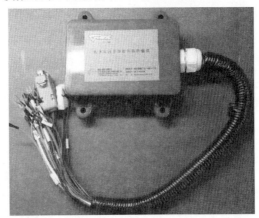

图 3-72　土壤电阻率测试仪　　　　图 3-73　土壤含水率监测仪采集主机

二次传感显示型是将直接显示型传感器中的压力读数换算成水分含量,比如,可将U型管水银指示部分换成以压阻传感器为二次传感的数字化土壤水分测量装置,即可实现数字化,直接显示传感器土壤吸力值的大小。

5) TDR 时域反射仪法

TDR(Time Domain Refletrometry)时域反射仪是新近发展起来的一种测定土壤含水率的方法,其主要优越性是在测试土壤水分过程中可不破坏土壤原状结构,操作简便,并可直接读取土壤含水量,便于原位动态监测,通过讯息转换而达到数据自动采集的目的(图3-74)。

图 3-74　TDR 时域反射仪

3. 土壤电导率(EC)

土壤电导率是测定土壤水溶性盐的指标,而土壤水溶性盐是判定土壤中盐类离子是否限制作物生长的因素。

1）室内电导法

传统的实验室测定方法即田间取回目标深度的土壤样品，室内用电导法测定其水浸液的电导率（EC）。测量原理：土壤可溶性盐按一定水土比例用平衡法浸出，这些可溶性盐是强电解质，其水溶性具有导电作用，导电能力的强弱可用电导率表示。

2）电导率传感器法

目前国内外应用于农业的土壤电导率快速测量传感器大体可以归为两种：接触式和非接触式。接触式土壤电导率传感器是一种电极式传感器，一般采用"电流-电压四端法"，即将恒流电源、电压表、电极和土壤构成回路（图3-75）；非接触式则利用了电磁感应原理（图3-76）。

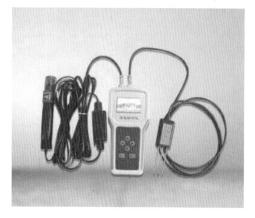

图3-75 接触式电导率传感器

（引自 https://www.instrument.com.cn/）

图3-76 非接触式电导率传感器

（引自 http://www.tcnde.com/page14.html?product_id=187）

3）大地电导仪

大地电导仪能在地表直接测量土壤表观电导率，为非接触直读式，适用于大面积土地盐渍化的测量（图3-77、图3-78）。

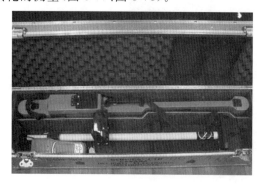

图3-77 大地电导仪

（引自 http://wsgs.niglas.cas.cn/instrument/instrument4/201506/t20150618_296980.html）

图3-78 大地电导仪现场使用图

(二)土壤化学指标

1. 土壤酸碱度(pH 值)

土壤酸碱度对土壤肥力及植物生长影响很大,对养分的有效性影响也很大。测试方法如下。

1)电位法

实验室基本上都采用电位法测定土壤 pH 值,电位法有准确、快速、方便等优点。其基本原理是:用 pH 计测定土壤悬浊液的 pH 值时,由于玻璃电极内外溶液 H^+ 离子活度的不同产生电位差。

2)比色法

取土壤少许(约黄豆大),捣碎后放在磁盘中,滴入土壤混合指示剂数滴,到土壤全部湿润,并有少量剩余。震荡磁盘,使指示剂与土壤充分作用,静置 1min,和标准比色卡比色,即得出土壤的酸碱度。

3)原位酸碱度传感器法

土壤原位 pH 值测定仪可直接埋入土壤测试,直接读数,非常方便,在指导农业科研及农业生产中起到了非常重要的作用(图 3-79)。

图 3-79 原位酸碱度传感器

(引自 https://www.instrument.com.cn/)

2. 土壤氧化还原电位(Eh)

土壤氧化还原电位是以电位反映土壤溶液中氧化还原状况的一项指标,用 Eh 表示,单位为 mV(图 3-80)。

土壤氧化还原电位的高低,取决于土壤溶液中氧化态和还原态物质的相对浓度,一般采用铂电极和饱和甘汞电极电位差法进行测定。

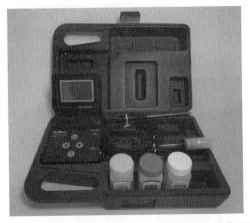 

图 3-80 氧化还原电位(ORP)仪器

(引自 https://www.nbchao.com/p/13583/)

1)二电极法

测定氧化还原电位的常用方法是铂电极直接测定法。当铂电极与介质(土壤、水)接触时,土壤或水中的可溶性氧化剂或还原剂,将从铂电极上接受电子或给予电子,直至在铂电极上建立起一个平衡电位,即该体系的氧化还原电位。

2)去极化测定仪法

对复杂的介质,可采用去极化法测定氧化还原电位。将铂电极接到极化电压的正端,以银-氯化银电极作为辅助电极,接到电源的负端,阳极极化 10s 以上。接着切断极化电源,进行去极,时间在 20s 以上,在去极化后监测铂电极的电位(对甘汞电极)。以相同的方法进行阴极极化,随后去极化并监测电位。阳极去极化曲线与阴极去极化曲线的延长线的交点相当于平衡电位。

3. 土壤阳离子交换量(CEC)

CEC 的大小,基本上代表了土壤可能保持的养分数量,可作为评价土壤保肥能力的指标,是改良土壤和合理施肥的重要依据。

1)乙酸铵交换法

适用于酸性与中性土壤阳离子交换量的测定。原理:用 1mol/L 乙酸铵溶液(pH 值为 7.0)反复处理土壤,使土壤成为铵离子饱和土。过量的乙酸铵用 95% 乙醇洗去,然后加氧化镁,用定氮蒸馏方法进行蒸馏,蒸馏出的氨用硼酸溶液吸收,然后用盐酸标准溶液滴定,根据铵离子的量计算土壤阳离子交换量。

2)EDTA-铵盐法

采用 0.005mol/LEDTA 与 1mol/L 的醋酸铵混合液作为交换剂,在适宜的 pH 值条件下(酸性土壤 pH 值为 7.0,石灰性土壤 pH 值为 8.5),这种交换配合剂可以与 2 价钙离子、镁离子和 3 价铁离子、铝离子进行交换,并在瞬间即形成电离度极小而稳定性较大的配合物,不会破坏土壤胶体,加快了 2 价以上金属离子的交换速度。同时由于醋酸缓冲剂的存在,交换性氢和 1 价金属离子也能交换完全,形成铵质土,再用 95% 酒精洗去过剩的铵盐,用蒸馏法测定交换量。

3)氯化钡-硫酸强迫交换法

土壤中存在的各种阳离子可被氯化钡($BaCl_2$)水溶液中的阳离子(Ba^{2+})等价交换。土壤用 $BaCl_2$ 溶液处理,使之和 Ba^{2+} 饱和,洗去剩余的 $BaCl_2$ 溶液后,再用强电解质硫酸溶液把交换到土中的 Ba^{2+} 交换下来,由于形成了硫酸钡($BaSO_4$)沉淀,而且氢离子(H^+)的交换吸附能力很强,使交换反应基本趋于完全。这样可以通过计算消耗硫酸的量,计算出阳离子交换量。

4. 土壤碱化度(ESP)

土壤的碱化度是用 Na^+ 的饱和度来表示,它是指土壤胶体上吸附的交换性 Na^+ 占阳离子交换量的百分率。碱化度是盐碱土分类、利用、改良的重要指标。一般把碱化度大于 20% 定为碱土,5%~20% 定为碱化土,15%~20% 定为强碱化土,10%~15% 定为中度碱化土,

5%～10%定为轻度碱化土。计算公式如下。

$$碱化度 = (交换性钠/阳离子交换量) \times 100\%$$

式中，交换性钠[cmol(Na)/kg]用乙酸铵-氢氧化钠铵交换-火焰光度法测得；阳离子交换量[cmol(+)/kg]用氯化铵-乙酸铵交换法测得。

5. 土壤水溶性全盐量（易溶盐）

土壤水溶性盐是盐碱土的一个重要属性，是限制作物生长的障碍因素。盐分中以碳酸钠的危害最大，其次是氯化物，氯化物又以 $MgCl_2$ 的毒害作用较大，另外，氯离子和钠离子的作用也不一样。

1) 电导法

在一定浓度范围内，溶液的含盐量与电导率呈正相关，含盐量愈高，溶液的渗透压愈大，电导率也愈大。土壤水浸出液的电导率用电导仪测定，直接用电导率数值表示土壤的含盐量。

2) 质量法

吸取一定量的土壤浸出液放在瓷蒸发皿中，在水浴上蒸干，用过氧化氢（H_2O_2）氧化有机质，然后在105～110℃烘箱中烘干，称重，即得烘干残渣质量。

6. 土壤重金属

土壤的重金属主要包括汞(Hg)、镉(Cd)、铅(Pb)、铬(Cr)和类金属砷(As)等生物毒性显著的元素，以及有一定毒性的锌(Zn)、铜(Cu)、镍(Ni)等元素。重金属污染物在土壤中移动性很小，不易随水淋滤，不为微生物降解，如果通过食物链进入人体，潜在危害极大。

1) 原子吸收分光光度法

原子吸收分光光度法的测量对象是呈原子状态的金属元素和部分非金属元素，是由待测元素灯发出的特征谱线通过供试品经原子化产生的原子蒸气时，被蒸气中待测元素的基态原子所吸收，通过测定辐射光强度减弱的程度，求出供试品中待测元素的含量(图3-81)。

图3-81 原子吸收分光光度仪

（引自 http://www.app17.com/c7866/products/d1354865.html）

2) X 射线荧光光谱(XRF)法

XRF 法的基本原理是基态原子(一般蒸气状态)吸收合适的特定频率的辐射而被激发至高能态,而后激发过程中以光辐射的形式发射出特征波长的荧光。该方法可定量分析测量待测元素的原子蒸气在一定波长的辐射能激发下发射的荧光强度(图 3-82)。

3) 电感耦合等离子光谱(ICP)法

样品经处理制成溶液后,由超雾化装置变成全溶胶由底部导入管内,经轴心的石英管从喷嘴喷入等离子体炬内。样品气溶胶进入等离子体焰时,绝大部分立即分解成激发态的原子、离子状态。当这些激发态的粒子回收到稳定的基态时要放出一定的能量(表现为一定波长的光谱),测定每种元素特有的谱线和强度,和标准溶液相比,就可以知道样品中所含元素的种类和含量(图 3-83)。

图 3-82　XRF-1800 X 射线荧光光谱仪
(引自 http://emc.cqu.edu.cn/info/1052/1028.htm)

图 3-83　电感耦合等离子光谱(ICP)仪
(引自 http://emc.cqu.edu.cn/info/1052/1028.htm)

四、"气"要素的监测

气体环境监测,目前主要是指对氡气和气压的监测。氡的地球化学性质比较活泼,在 20 世纪初叶 α 测氡就开始应用于地质环境工作,发展至今,氡气的测量技术与设备在地质找矿,地震预报,勘查地裂缝、新构造断裂带、滑坡体等地质灾害,探测隐伏岩溶地下水等方面均取得了良好的效果。而在覆盖型岩溶塌陷过程中,气压变化则是"真空吸蚀效应"与"气爆理论"的主要原因。

(一)氡气浓度(国土资源部地质环境司等,2014)

氡气(Rn)是一种放射性气体,能够沿着裂隙、构造等从地下深处运移到地表。在地质灾害发生位移时,岩土体发生错动,使得氡气的运移加剧,导致近地表的氡气浓度发生变化。利用这一特性,可以采用探测氡气浓度的方法来监测地质灾害的活动。一般用于中长期的观测和预测。

氡气浓度的测量主要根据其具有放射性的特点,对氡衰变子体进行计数,进而换算成氡气的浓度,可以分为瞬时测量、累积测量和连续测量等 3 类方法。下面简要介绍国内外几种常见的测氡仪。

瞬时测氡仪是通过加负高压到金属片以收集氡的衰变子体 RaA(^{218}Po)，然后用金硅面垒半导体探测器测量金属片上的 RaA 放射性强度，其强度和氡气浓度成正比，进而确定氡气浓度(图 3-84)。

连续测氡仪用专利扩散式光电极管传感器测量氡气，数字显示平均氡浓度值(图 3-85)。

便携式氡监测仪的工作原理是利用静电法引导氡的衰变子体，然后做 α 能谱分析。其内部样品腔是一个容积为 0.7L 的半球，半球的内壁涂有导电涂层，样品腔中心是固态离子植入硅 α 探测器。2~2.5kV 的高压在样品腔形成一个高压电场，使得正离子被收集到探测器的表面。

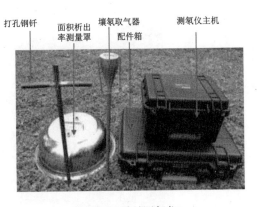

图 3-84　瞬时测氡仪

(引自 http://qdlooboyb.testmart.cn/Index/product Detail/id/1586564493.html)

图 3-85　连续测氡仪

(引自 https://yiqiyibiao.b2b168.com/s168-91147497.html)

(二) 气压监测

气压监测常见于岩溶系统地下水气压力监测当中。岩溶水动力条件的变化是岩溶塌陷发生的主要诱发原因，通过岩溶裂隙或管道系统中地下水气压力变化的监测，捕捉岩溶塌陷发生的动力因素。监测设备主要包括孔隙水压力传感器与数据自动采集系统，或带存储的渗压计(蒋小珍等，2016)。

监测点的布设原则：岩溶地下水气压力监测点(井)位应在塌陷发育区的边界及中心地段布置；每个区监测点不少于 2 个；监测点的位置根据地下水径流方向布设；监测点(井)的深度应根据影响监测区地下水位波动的工程活动确定。

五、其他要素的监测(国土资源部地质环境司等，2014)

除了地下水环境、岩石环境以及土壤环境、气体环境监测要素之外，还有其他一些对地质环境的变化同样起到了至关重要作用的要素。

(一) 地声

岩体在发生变形前，随着应力的释放部分能量转换成辐射性次声波。一般来说，岩石破裂产生的声发射信号比观测到位移信息超前 7 天至 2 秒，因此，地声监测适用于岩质斜坡处于临滑临崩阶段的短临前兆性监测。

地声监测技术方法是利用测定边坡岩体受力破坏过程中所释放的应力波的强度和信号特征来判别岩体稳定性的方法。仪器有地声发射仪、地音探测仪,利用仪器采集岩体变形破裂或破坏时释放出的应力波强度和频度等信号资料,分析判断崩滑体变形的情况。测量时将探头放在钻孔或裂缝的不同深度来监测岩体(特别是滑动面)的破坏情况。

地声监测在泥石流监测领域也逐渐发挥其作用。地声监测仪可以捕捉到泥石流源地的次声信号,并对接收的信号进行特征提取,分析判断是否发生了泥石流。且其传播速度远大于泥石流的运动速度,故能在泥石流到达人员居住区前提前给出预警,避免人员伤亡(图3-86、图3-87)。

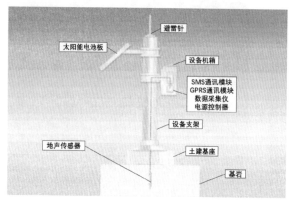

图3-86 一体化泥石流地声自动监测站设备构成示意图(引自 http://www.bjltsj.com/html/product/2640.html)

图3-87 一体化泥石流地声自动监测站现场安装图(引自 http://www.bjltsj.com/html/product/2640.html)

(二)植被指数

植被指数(Vegetation Index,VI)是利用遥感手段监测地面植物状态的一种方法。可以利用植物通过对红光波段和近红外波段的反射率的组合计算来设计植被指数。植被指数经过多年的发展,按不同的监测及计算方法可分为多种,较常用的有:归一化植被指数(NDVI)、比值植被指数(RVI)、土壤调节植被指数(SAVI)、垂直植被指数(PVI)等。目前,归一化植被指数(NDVI)是多种植被指数中应用最多最广泛的一种。

植被指数的提取方法很多,目前较为常用的是通过对遥感影像的处理,从而提取出各种植被指数。在用软件提取 NDVI 之前,需要对影像进行处理,包括图像预处理,对图像进行校正、转换投影、转换格式等;波段分析组合,找到用来研究最合适的波段搭配,使图像效果增强;对图像进行裁剪或拼接,以满足研究区域的需要。

第三节 监测数据的远程在线自动传送

鉴于不同类型项目监测地点的多样性,以及监测数据分析实时性的需求,对于野外观测数据均需基于远程在线自动传输的方式,从而实现监测数据的实时接收、分析及预警。

监测数据的远程在线自动传送系统主要由前端测试仪器、无线传输网络、监测中心接收及预警设备组成。

其中远程监测单元是连接前端测试仪器以及自动发送监测数据的重要部分,主要由数据采集器、电源系统、GPRS/CDMA 无线数据传输终端、防雷器件、接线与通信接口、防水密封防护机箱等组成。远程监测单元的工作原理为:各种传感器信号按顺序接入输入信号模块中,经由防雷模块处理后,进入数据采集器中传感器采集通道,采集的数据通过光纤转换或 GPRS/CDMA 无线传输模块连接后,便可按 TCP/IP 协议远程和数据存储与处理系统进行通信了(图 3-88)。

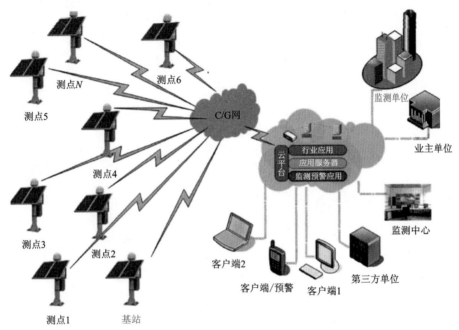

图 3-88　远程监测单元的工作、结构示意图

主要参考文献

北京数泰科技有限公司.公路边坡安全监测系统设计方案[R].北京:北京数泰科技有限公司,2011.

国土资源部地质环境司,中国地质环境监测院.地质环境监测技术方法及其应用[M].北京:地质出版社,2014.

蒋小珍,雷明堂,郑小战,等.岩溶塌陷灾害监测技术[M].北京:地质出版社,2016.

李德仁.论 21 世纪遥感与 GIS 的发展[J].武汉大学学报(信息科学版),2003(2):127-131.

孙雷.翻斗式雨量计误差影响因素分析[J].吉林水利,2015(11):41-43.

于镇华,黄朔."3S"技术在生态环境监测中的应用[J].中央民族大学学报(自然科学版),

2008(S1):64-68.

曾斌,陈丽霞,柴波,等.喜马拉雅山区重点城镇地质灾害风险评估与管理[M].武汉:中国地质大学出版社,2019.

张久华,其米次仁,旦增尼玛."3S"技术在生态环境监测中的应用[J].西藏科技,2011(9):78-79.

张映红.全球定位系统在矿山边坡变形监测上的应用[J].铜业工程,2008(1):18-20.

周春兰."3S"技术在矿山生态环境监测中的应用研究[D].成都:成都理工大学,2009.

第四章 地质环境监测方案设计流程

第一节 地质环境监测的基本思路

对于地质环境监测而言,所需监测的地质环境问题千差万别,但监测的基本思路则是具有极大相似性的。总体思路步骤包括:查清拟监测地质环境问题所在区域的基础地质背景条件,并分析其影响因素及稳定性现状;在此基础上,提取出与该地质系统演化最为相关的监测要素,进而选择匹配相应的监测仪器;之后,再根据所选择仪器的种类及数量,以及所需埋置的平面位置与垂向深度,进行监测网点的设计;接下来则是根据监测网点及布设方案,在野外实地安装埋置监测传感器,并能够实现监测数据的远程在线自动传输;最终在室内终端实现监测数据的实时接收、汇总、分析及预警(图4-1)。

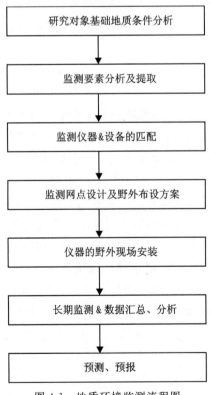

图 4-1 地质环境监测流程图

第二节 监测对象的分析

对于地质环境问题的监测而言,其首要任务是对即将采取监测措施的地质体及其演化趋势进行分析,要点包括:

(1)需要分析监测对象的地质环境问题类别。例如在我国的西南山区,对于崩滑流等地质环境问题,需要首先根据现场调查结果,分析出灾害种类。

(2)查清地质环境问题所依附的地质背景条件。包括基础地质条件、工程地质条件、水文地质条件、人类活动干扰情况等。

(3)需要确定所监测地质环境问题的物理边界范围。不同的地质环境问题,其边界范围的确定方法不一样。例如滑坡,其范围则包括了后缘、两侧边界、前缘、滑面等三维空间边界。又例如地面沉降,其范围则包括了因地下流体开采而造成的平面降落漏斗范围以及垂向的沉降影响深度。

(4)基于野外调查,掌握地质体的稳定性现状,及其失稳致灾的影响因素。对于影响因素而言,其又可以分为地质体本身的影响因素以及外界营力影响因素。

第三节 监测要素的提取

在完成了监测对象的分析之后,接下来则需要有针对性地分析监测要素,也即回答究竟需要监测什么的问题。一般而言,地质环境系统要素总体可以分为两类,即"地质体要素"及"环境影响要素"。

1."地质体要素"监测

对于"地质体要素"而言,其是影响地环境系统稳定的根本要素,包括前面提到的"水、岩、土、气"等对象,而每一类对象又包括不同的监测要素。例如"水":在地面沉降问题中主要监测水位,在地下水污染问题中则主要监测水质;又例如"土",在滑坡中主要监测变形,而在土壤盐渍化中则主要监测土壤含盐量;再如"岩",在崩塌中主要监测岩体内裂缝张开度变化,而在岩质滑坡中除了需要监测后缘裂缝外还需要监测滑面的相对位移。

由此可见,针对不同的地环境问题,鉴于其地质体系统的演化机理及趋势,需要我们监测的要素也是不尽相同的。但需要把握的关键在于:首先监测能够反映该地质环境系统演化的"第一变形要素",如滑坡的滑面监测、崩塌的后缘张拉裂缝监测、泥石流的泥位监测、塌陷的盖层土体垂向变形监测、土壤盐渍化的土壤盐分监测、海水入侵的地下水水质监测等;其次,再进行"次要变形要素"的监测,如滑坡的地表变形监测、崩塌的危岩体位移监测、泥石流的地声监测、塌陷的地表裂缝监测、土壤盐渍化的地下水水位监测、海水入侵的淡水面监测等。

2."环境影响要素"监测

如前所述,系统是开放的,正是因为与外界环境有物质与能量的交换,才会致使系统的演化,甚至失稳。因此,在监测"地质体要素"的基础上,"环境要素"的监测也是不可忽略的。

针对不同类型的地质环境问题,其环境影响要素也是不同的。同样的,我们仍然需要监测对该地质体系统演化起到控制性作用的主要影响因素。例如,水库滑坡的降雨及库水位波动监测、崩塌与泥石流的降雨监测、覆盖型岩溶塌陷的地下水位波动监测、海水入侵与地面沉降的地下水位监测等。

第四节 监测技术方法的选择

在完成了"地质体要素"与"环境影响要素"监测因子的选择后,接下来则是根据所选取因子的特征,匹配合适的监测仪器。

例如地下水水位的监测通常可以使用"水位计",地下水质的监测可以使用"多参数的水质监测传感器",岩土体裂缝变形可以使用"裂缝计",地表变形监测可以使用"GPS",降雨监测可以使用"自动雨量计"等。

另外监测仪器在选择时需确保:可靠性和长期稳定性好;有与监测对象相适合的足够的量程和精度;长期监测仪器须具有防风、防雨、防潮、防震、防雷、防腐等与环境相适应的性能;仪器设备安装使用前,必须经过校验标定。

第五节 监测网点的设计

以滑坡监测为例:

(1)监测网中至少应有一个剖面为主剖面,在主剖面两侧布置若干个辅助剖面,组成监测网。

(2)主剖面一般布置在主变形方向上,并与主勘探线、稳定性计算剖面相重合,主剖面上布置的监测项目和使用的仪器相应比辅助剖面多,仪器的精度和可靠性也相对好。

剖面两端应进入稳定岩土体,并设置大地测量用的永久性观测点或照准点,也就是说,监测剖面的两端应设立固定点,以作滑坡变形的参照点。

(3)大地变形监测网的布置应根据滑坡(或崩塌)的平面形态合理布设。监测点一般分为控制点和观测点,控制点应布置在区外稳定岩体内。

(4)深部变形监测点的布设应充分利用已有钻孔或平硐,在孔口应建立大地测量标桩。但监测点应靠近监测剖面,不要距离太大。

(5)监测点布设应突出重点、实用可靠,少而精,切忌平均分布。即对地表变形剧烈的地段和关键部位可加密,反之则减少点数。

(6)采用GPS和大地变形测量等手段进行监测时,一般应在地质灾害体外围拟建立2~3个基准点。

典型地质灾害监测网点平面布置示意图如图4-2所示(王洪德等,2008)。

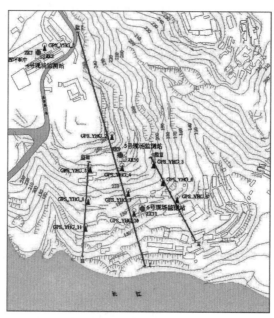

图 4-2 玉皇阁崩滑体监测系统平面布置示意图

第六节 监测周期的确定

一、突发性地质环境问题的监测周期

对于突发性地质环境问题的监测周期,应根据监测项目类型和具体条件及地质灾害体的发展趋势确定,一般有如下要求。

(1)短期监测,周期一般可采用 12h、24h、3d、7d 等,监测对象变化快的则周期应短,可 12h 测一次,甚至更短,变化慢的可长些,但一般不超过 7d。

(2)长期监测,周期相应长些,一般为 7d、10d 或半个月观测一次,有的可能更长(有的甚至可一个月至半年观测一次)。但如遇特殊情况如暴雨、涨水或变形加快等情况则不受此限制,应加密观测。

二、渐进性地质环境问题的监测周期

对于渐进性地质环境问题的监测周期,应根据地质环境问题的类型和具体监测方法确定,监测要求如下。

1. 地面沉降监测

按不同的监测方法,具体监测周期如下:

(1)以 InSAR 技术为主的监测,监测周期宜 1~2 次/年,可根据地面沉降速率及季节变化特点等情况进行调整。

(2)以 GPS 技术为主的监测。

①特级 GPS 监测点为全年连续观测。

②一级 GPS 监测网监测周期可 1 次/年或根据地面沉降速率确定。

③二级 GPS 监测网监测周期依据地面沉降速率确定。

(3)以水准监测技术为主的监测,监测周期应符合下列要求:

①区域地面沉降宜 1 次/年。

②重大工程沿线地面沉降宜 1～2 次/年,重点区段宜加密。

(4)以基岩标、分层标技术为主的监测,人工监测周期应不少于 1 次/月,自动化方式监测周期可适当加密,具体可根据地面沉降速率及季节变化特点等情况进行调整。

2. 海水入侵监测(苗青等,2013)

常规检测的监测周期宜每年 3 月、9 月各监测一次;自动化远程监测宜每小时一次。

3. 地下水污染监测(工程地质手册编委会,2018)

(1)区域地下水污染监测点监测频率,一般每年 9 月到 10 月监测一次。重点区地下水污染监测点监测频率,一般每年丰、枯水期各监测一次。

(2)特殊地下水污染组分监测,一般每季度或每月监测一次。

(3)岩溶泉和地下河的监测应结合地下水动态变化特点确定。

(4)专用监测井按设置目的与要求确定。

第七节 监测仪器的野外布设

地质环境问题监测系统主要由前端测试仪器、远程监测单元与数据传输、监测中心数据处理与分析三部分构成。

以滑坡为例,技术构架拓扑图如图 4-3 所示。

一、传感器的布设选择(北京数泰科技有限公司,2011)

传感器即为前端测试仪器,是一种监测装置,能感受到被测量的信息,并能将感受到的信息,按一定规律变换成为电信号或其他所需形式的信息输出,以满足信息的传输、处理、存储、显示、记录和控制等要求。

传感器的布设选择需采用国内外性能可靠、测试精度高并适于长期监测的测试仪器。

(1)边坡地表变形位移,可采用 GPS 位移监测系统。

(2)边坡深部变形位移,可采用固定式倾斜仪。

(3)坡体渗流测量,可采用孔隙水压力计。

(4)边坡土壤含水量,可采用土壤含水量计。

(5)降雨量监测,采用翻斗式雨量计。

(6)变形体裂缝测量,采用表面裂缝计。

现场监测仪器布置参考图 4-4。

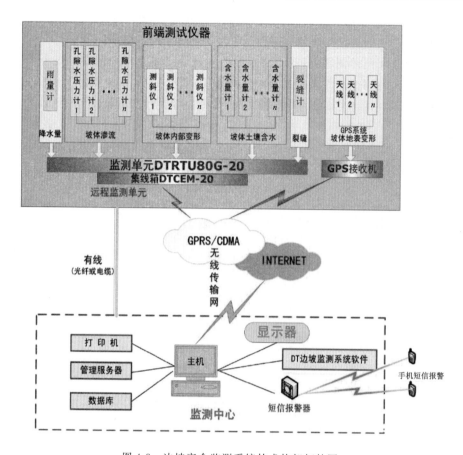

图 4-3　边坡安全监测系统技术构架拓扑图

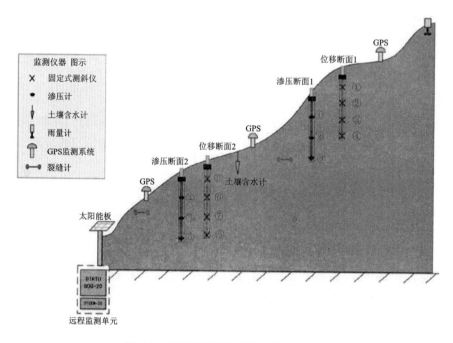

图 4-4　边坡监测系统现场布置示意图

下面介绍几种典型传感器。

二、边坡深部位移监测仪器

选用美国 AGI 公司的 906 little dipper 双轴固定测斜仪来测量边坡深部变形位移。固定测斜仪可以多个串接安装，固定测斜仪的导向片可以用于保证传感器在管内的安装方向，通常安装在孔深小于 45m 的浅孔内监测结构位移。测试原理图如图 4-5 所示。

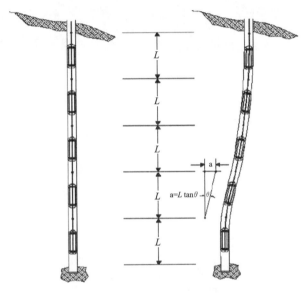

图 4-5 双轴固定测斜仪测试原理图

1. 传感器的布置

根据实际边坡地貌，选取监测断面作为监测对象，如图 4-6 所示边坡，断面上已经出现了不同程度的滑坡。因此通过进行地下位移监测，可得到内部土层的位移变化趋势，判断滑坡是否恶化或出现险情，也可为是否采取进一步加固措施提供数据参考。

图 4-6 传感器布置位置图

根据坡体情况,设置3个监测面CX1～CX3,其中CX1距119.5号桩11m,坡顶长46m,中坡长15m;CX2距119.5号桩84m,坡顶长50m,中坡长13m;CX3距119.5号桩102m,坡顶长55m,中坡长15m。每个监测面设置2个监测点。具体位置见图4-7A～F点。

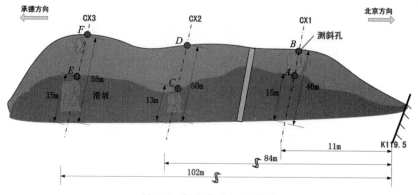

图4-7 倾斜仪布置示意图

2. 传感器的安装

在高坡 B、D、F 测点处,可钻15m深孔,每孔连续安装3支测斜仪。在低坡位置 A、C、E 测点处,可钻10m深孔,每孔连续安装2支测斜仪。

在测量点处钻孔,钻孔直径为108mm,保证测斜仪、配件及导线稳固安装。先将测斜管安装到孔内,然后将固定式倾斜仪按配件组合要求连接,顺序插入到孔内位置,安装后进行固定封装。过稳定期后进行测量。应用于监测的测斜仪安装示意图如图4-8所示。

三、土体渗流量测量仪器

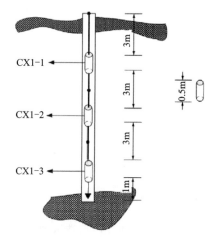

图4-8 测斜仪安装示意图

采用在边坡钻孔埋设测压管的形式监测土体渗流量,测压管内放入孔隙水压力计,实时采集渗流数据,根据监测到的数据,由系统软件自动绘出边坡土体渗流分布状态。选用加拿大ROCTEST公司的PW系列弦式孔隙水压力计。PWL型孔隙水压力计直径较小,可以安装在土体和混凝土中或者安装在钻孔中,甚至直径小到38mm的管内(图4-9)。

图4-9 PW系列弦式孔隙水压力计

对于具体边坡,可根据监测需求设置土体渗流监测剖面,在每个监测剖面设置监测孔,每个孔内按实际深度安装渗压计。渗压计的安装示意图如图4-10所示。

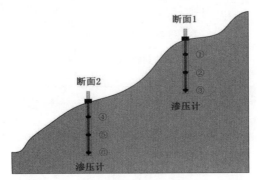

图4-10　渗压计安装示意图

四、数据采集与传输系统(王洪德等,2008)

数据采集与传输系统用于完成现场站各类监测数据的下载,并以自动化的方式将数据发送至中心站服务器。

数据采集系统主要是采集传感器所测量到的监测数据,并将数据文件储存在指定位置,其结构如图4-11所示。

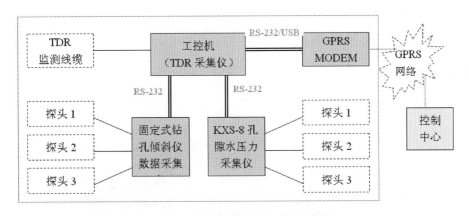

图4-11　示范站数据采集系统结构图

以一套滑坡监测典型数据采集与传输系统为例,其系统组成如图4-12所示。

系统由数据采集主机、钻孔倾斜仪数据采集仪(Datalogger)、孔隙水压力数据采集仪(KXS-8)、自动雨量计数据采集仪(YL-2)和GPRS数据传输装置(GPRS-MODEM)等组成。在构建系统时,充分利用了TDR系统数据采集仪为工业控制机的特点,将其同时作为其他数据采集仪的上位机,以实现数据下载、上传等功能。硬件的连接方式见图4-12。

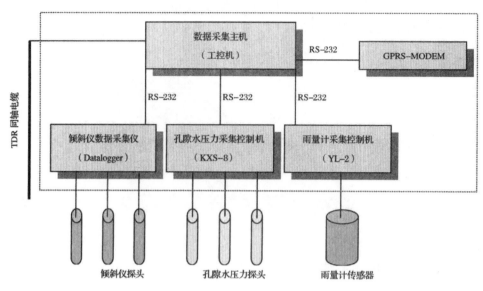

图 4-12 数据采集与传输硬件连接方式示意图

第八节 监测数据的接收与平台软件(胡跃苏等,2015)

本节以岩溶区高速公路道路运营监测管控预警系统为例进行展示[由中国地质大学(武汉)与浙江省交通规划设计研究院有限公司联合研发]。

一、系统总体结构

系统的总体规划如图 4-13 所示。

图 4-13 系统总体规划图

系统分为二级系统:数据查阅系统和数据管理系统。具体的层次结构见图 4-14。

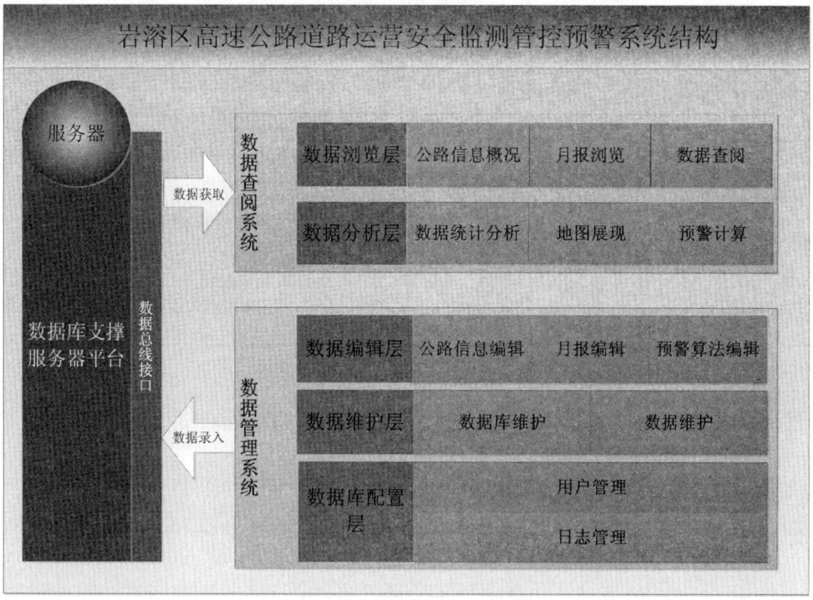

图 4-14 系统层次结构图

二、数据查阅维护系统及系统数据库设计

(一)数据查阅系统设计

数据查阅系统的系统功能模块分为 6 个模块,见表 4-1。

表 4-1 数据查阅系统功能模块

数据平台		
系统模块	子模块	功能描述
公路信息概况	公路概况	公路概况信息展示、公路图片展示及公告通知展示
	图形库	
	公告通知	
	地图方位展示	
数据查阅	精确查阅	通过指定查询条件查阅数据
	模糊查阅	
月报浏览	PDF 版浏览	提供 PDF 版本及网页版的月报浏览系统和月报各个模块的分类浏览系统;可对后台所编辑的数据报表、建议、结论、生产的分析图进行分门别类的浏览
	网页版浏览	
数据统计	监测指标统计	对监测数据的变化情况用图进行统计和展示

续表 4-1

数据平台		
系统模块	子模块	功能描述
地图系统	监测点定位	在地图上显示监测路段上的监测点,配合里程桩定位;并能够在地图上显示实时的监测数据
	实时数据显示	
预警系统	常规预警	提供单张预警表的颜色标识预警,并配合地图显示警报信息和地点。提供多张表的公式预警。后台根据预警指标体系计算预警评分,并将预警消息在前台进行显示,管理员可发送预警消息
	预警消息发送	

1. 用户管理

数据查阅系统的用户分为普通用户和超级用户。不同等级用户拥有不同的信息查看权限(图 4-15、图 4-16)。

图 4-15　系统登录页面

图 4-16　数据查阅系统界面设计

2. 公路信息概况

公路信息概况功能模块主要目的是为公司提供集中的信息展示,主要包括公路情况介绍、道路运营展示、新闻公告发布(图 4-17)。

图 4-17　公路信息概况

3. 数据查阅

数据查阅模块分为精确查阅和模糊查阅两种方式,用户可根据指定的精确查询条件或者较模糊的查询条件来得到符合条件的数据(图 4-18)。此外,还提供数据导出功能,可将查询后的结果导出到 Excel 文件中。

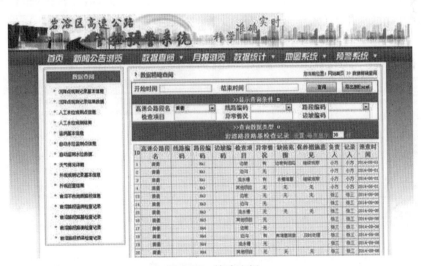

图 4-18　精确查阅

4. 月报浏览

按照月报大纲在网页中直接显示每个月的月报，格式可以包括网页版浏览（图4-19）、PDF版浏览。

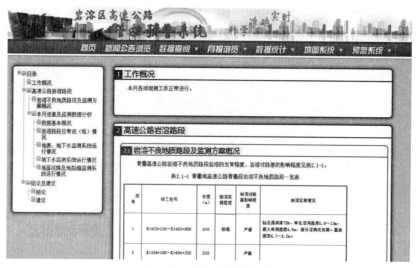

图4-19　网页版月报浏览

5. 数据统计

用户可选择某一期间的数据，通过曲线图的方式对监测数据的变化情况及变化趋势进行统计分析。该模块对系统中主要的监测数据（指标）进行统计分析，监测数据（指标）包括自动监测水位、人工观测水位、沉降点累积沉降量（图4-20）。

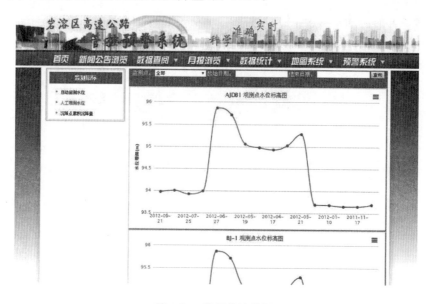

图4-20　数据统计分析

6. 地图显示

地图显示功能提供:①定位功能:定位到高速公路上的监测孔;②实时数据显示功能:通过地图获取最新的监测数据(图 4-21)。

图 4-21　地图显示

7. 预警显示

共有 3 种预警显示方式:①颜色预警:对异常数据进行不同的颜色标识;②标注预警:将异常监测点在地图中通过红色标注点进行标识;③短信预警:能够将预警情况发送到接收预警信息的手机上(图 4-22)。

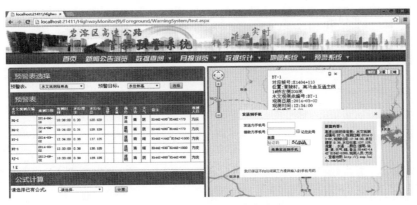

图 4-22　预警分析及消息发送

(二)数据维护系统设计

数据维护系统设计主要包括 2 个方面:①数据录入,采集或巡查的数据录入到数据库后,供用户查询。②信息编辑,对采集的数据进行加工,整理成月报、道路信息等数据。

此外,数据维护系统提供对用户的管理服务,对用户的操作日志和登录日志进行自动录入,系统将数据维护系统分为 7 个系统功能模块,具体见表 4-2。

表 4-2 数据维护系统模块与功能

管理后台		
系统功能	子功能	功能描述
公路信息编辑	公路编辑	为数据平台的公路信息概况做数据支撑; 可对公路信息、展示图片进行编辑,可发布或修改日常公告
	图片编辑	
	公告编辑	
月报编辑	网页月报编辑	由具有后台权限的用户编写月报内容并保存,提供给普通用户观看; 可上传 PDF 月报到服务器上,也可删除、下载 PDF 月报
	PDF 月报管理	
数据管理	基础数据	为数据平台的数据查阅提供数据支撑; 可对各个监测点的数据进行编辑、录入、删除
	监测数据	
	巡查数据	
数据库管理	表管理	整个系统的后台数据库支撑; 能够进行数据表、字段创建、删除,属性设置等,能够对数据库作备份
	字段管理	
	数据备份	
警报公式编辑	公式编辑	编辑常规的数据警报公式,并设置相关公式及预警表阈值; 设置预警指标体系参数,可动态添加、删除、更新预警指标
	参数设置	
	预警指标设置	
用户管理	创建删除	新建和删除用户,对用户的权限作设置
	权限设置	
日志管理	登录日志	查阅用户使用系统的日志记录
	数据库操作日志	

1. 道路信息编辑

功能主要包括:①新建、编辑、删除公路信息;②添加、编辑和删除公告新闻信息;③添加动态展示的图片(图 4-23)。

2. 月报编辑

功能主要包括网页版月报编辑及 PDF 版月报编辑(图 4-24)。

3. 数据管理

数据管理功能模块的目的是管理系统所需的各类数据,实现对数据的录入、修改、删除等操作。导入 Excel 批量数据,查看、修改、删除已导入的数据。主要包括对基础信息、自动监测数据、巡查数据和雷达监测数据的管理(图 4-25)。

图 4-23 道路信息修改

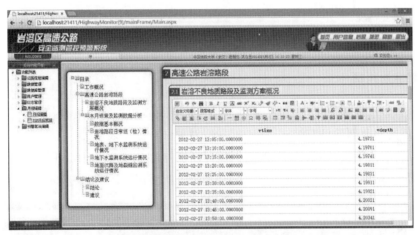

图 4-24 网页版月报编辑

图 4-25 巡查数据录入

4. 数据库管理

数据库管理功能模块的目的是方便用户对数据库进行扩展，主要功能包括：①数据库表管理：新建、修改、删除数据库中的表；②数据库字段管理：新增、修改、删除数据表中的字段；③数据库备份还原：导出任意数据库表中的数据，备份与还原数据库（图4-26）。

图4-26 数据库字段管理

5. 预警算法编辑

①多个数据库表预警算法编辑：通过选择预警表及其相关字段进行简单的算术运算新建预警公式，还能修改删除已有公式（图4-27）；②对单张数据库表中的字段设置阈值：对公式参数及单张预警表的字段（如水位等）的阈值设置以便前台实现分级预警（图4-28）；③预警指标设置：设置预警指标体系参数，可动态添加、删除、更新预警指标（图4-29）。

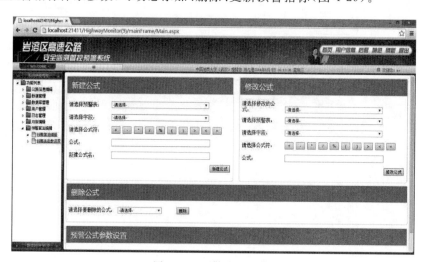

图4-27 预警公式编辑

第四章 地质环境监测方案设计流程

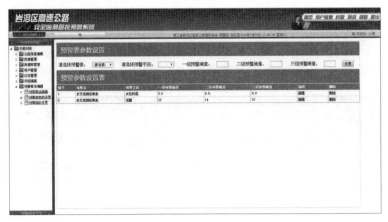

图 4-28　预警参数设置

图 4-29　预警指标设置

6. 用户管理

用户管理功能模块可新建、删除用户，设置用户权限；通过输入查询条件查询相关用户（图 4-30）。

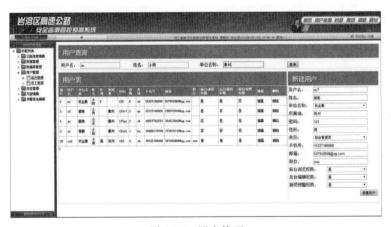

图 4-30　用户管理

7. 日志管理

功能主要包括：①登录日志管理：当用户登录时，将用户的登录信息写入系统（图 4-31）；②操作日志管理：当用户对数据库表进行操作，将用户的操作信息写入系统。

图 4-31　登录日志管理

第九节　基于监测数据的预警预报

一、基本概念

1. 地质环境（灾害）预警

地质环境（灾害）预警是一种包括预测与警报的广义"预警"。

在时间精度上包括了预测或预估、预警、预报和警报（数小时）等多个层次，每个层次都是一个政府机构、工程技术与公众社会共同参与的综合体系（表 4-3、表 4-4）。

表 4-3　预警工程的阶段划分

阶段	时间尺度	空间尺度	方法	数据	指标	措施
预测	1～10 年	大区域	区域评价区划	地质调查数据库	发育度、风险度、危害度	建设规划预防
预警	1 个月～1 年	小区域	一次过程观测	监测数据库	临界区间值	局部转移或全部准备避难
预报	数日	局部	精密仪器监测	分析模型库	警戒值	搬迁
警报	数小时	局部	精密仪器监测	灵敏度分析	警戒值	紧急搬迁

表 4-4　预警产品等级及色标

级别	含义	色标	说明
Ⅰ	警报级,可能危害特别严重	红	组织公众应急响应
Ⅱ	预报级,可能危害严重	橙	建议公众采取预防措施
Ⅲ	预警级,可能危害较重	黄	发布公众知晓
Ⅳ	预测级,可能危害一般	蓝	科技与管理人员掌握
Ⅴ	常规级,一般无危害	绿	科技人员掌握

按预警对象的物理参量划分,崩塌、滑坡、泥石流等灾害预警可划分为空间预警、时间预警和强度预警3类。

一次圆满的预警应包括这3个物理参量,且应该计算出每个物理参量发生的概率大小（可能性大小）,从而确定向社会发布的方式、范围和应急反应对策。

2. 地质环境（灾害）区域预警

地质灾害区域预警的物理学基础:地质环境是变化的,地质环境变化的动力是地外天体引力、地球内动力、地球表层外动力和人类社会工程经济活动等单种因素或多种因素的耦合作用。

由于天体引力、地球内动力、地球表层外动力和人类工程活动具有随机性,四者的耦合作用更是随机的。因此,地质灾害区域预警的数学基础主要是概率论与数理统计。

统计预警是一种可能性或随机概率预警。它包含了地质灾害发生的空间范围、时间区间和暴发强度等参数的不同等级的可能性或准确度,有时给出的是一个模糊的综合量度指标,尽管我们可以从理论上划分为地质灾害空间预警、时间预警和强度预警。

地质灾害区域预警的精度评价主要考虑空间尺度、时间尺度和强度等级,并针对不同预警层级和预警尺度的确定区域分别建立时间预警的准确率、空报率、漏报率、预警偏差和预警效率以及空间暴发区域或暴发强度的吻合程度等内容的评价标准。

地质灾害区域预警产品的应用决策主要涉及发布的空间尺度、时间分辨率、社会对风险的接受性、响应对策和应急机制等方面的完善程度,更多地表现为风险型决策问题。

二、预警预报方法

1. 预警预报的研究方向

关于降雨诱发型地质灾害区域预警研究,国内外很多学者进行了相关研究工作,相关研究论文也很多,有如下几个方向:

(1)研究地质灾害与地质环境的关系,地质灾害与坡度、坡向、岩性、构造等因子之间的紧密关系,分析同一因子不同区段（类型）对地质灾害发生的敏感性,从而确定出影响滑坡发生的地质环境条件组合。

(2)基于滑坡灾害监测数据,结合室内模型实验而开展的模型预报研究。

(3)基于大气降雨的观测,研究降雨量、降雨强度和降雨过程与滑坡灾害在空间分布、时间上的对应关系,建立滑坡灾害的时空分布与降雨过程的统计关系,确定宏观上的统计关系,以达到预报预警的目的。

(4)基于前期有效降雨量的精确统计研究。

(5)基于多元回归分析的地质灾害预报。

(6)滑坡发生的过程及影响其发生的因素,对中长期预报理论和方法进行探讨。

(7)根据研究区的具体情况,采用适合研究区特点的方法进行预测预报。

2. 预警预报的研究方法

地质灾害监测预警的方法具体归纳起来,可以归为两大类。

1)统计分析方法

通过收集历史降雨数据和地质灾害发生情况,进行统计对比分析,从而得到地质灾害和降雨之间的定性、半定量或定量的关系。从目前研究情况来看,第一类统计方法占主导地位。

(1)降雨参数:年均降雨量 MAP、累计雨量(1h、3h、1d、3d、5d、15d 等)、降雨强度(mm/d)、滚动雨量、标准化的雨强 NI=雨强/MAP、标准化累计雨量 NCR=累计雨量/MAP、有效雨量、降雨周期或频率等。通过统计分析获得经验的降雨阈值,包括:临界累积雨量(Campbell,1975);临界降雨强度(Brand et al.,1984);最常用的,临界雨强和雨量(Caine,1980);标准化的临界雨量 NCR 或 NSR,过程雨量/MAP,MAP 是年均降雨量(Cannon and Ellen,1985;Jibson,1989;Wieczorek et al.,2000)。

(2)灾害参数:地质灾害发生的单点、灾害个数、频率、周期等。

2)机理分析方法

结合水文学的方法,分析灾害的形成机理。从降雨—渗流—灾害发生的机理过程出发,进行分析。

(1)基于 GIS 的分析方法(分析各影响因子和灾害之间的关系):①概率方法;②Logistic 回归;③确定性模型(安全系数);④神经网络模型;⑤AHP 模型等。

(2)数值模拟方法:常规意义上的数值模拟(如 flac、slope、有限元等),用于分析斜坡稳定性(一般为单体滑坡)。

三、预警阈值的确定

监测技术方法的类型取决于不同的监测目的和不同的监测信息种类,同一种监测信息可有多种监测手段。其中崩塌/滑坡常用监测项目主要有变形监测、应力监测、应变监测、地下水监测、地表水监测、地声监测、气象监测、岩土体温度监测、地震监测、放射性元素监测及宏观现象监测等。

以滑坡监测为例,通常在滑坡变形的监测过程中,我们会得到如下的"变形-时间"曲线(图 4-32),以及相应的预警级别(表 4-5)。

在图 4-32 中可将滑坡变形阶段划分为:

第Ⅰ蠕变阶段——减速蠕变阶段,斜坡处于初始变形阶段,曲线斜率逐渐减小;

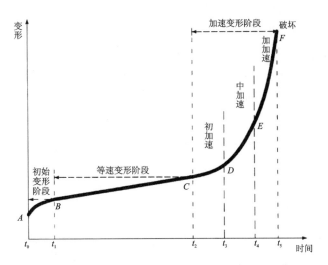

图 4-32 渐变型滑坡变形-时间曲线及其阶段划分

第Ⅱ蠕变阶段——稳定蠕变阶段,斜坡处于等速变形阶段,曲线斜率大体不变;

第Ⅲ蠕变阶段——加速蠕变阶段,斜坡处于加速变形阶段,可以细分为初加速、中加速和加加速(临滑)阶段,曲线斜率急剧增大。

表 4-5 滑坡预警级别与斜坡变形阶段的对应关系表

变形阶段	等速变形阶段	初加速阶段	中加速阶段	加加速(临滑)阶段
预警级别	注意级	警示级	警戒级	警报级
警报形式	蓝色	黄色	橙色	红色

值得注意的是,同一个滑坡的变形监测资料:①其一横纵坐标量纲不同;②如果采用不同的坐标尺度(或对横、纵坐标进行不同比例尺拉伸),作出"变形-时间曲线"(简称 $S\text{-}t$ 曲线,图 4-32),所绘制的同一时刻的切线角可能会有不唯一性。

因此,在进行类似监测数据分析时,可将传统的"$S\text{-}t$ 曲线"转换为"$T\text{-}t$ 曲线(图 4-33)",利用"切线角"来划分滑坡的演化阶段以及确定预警阈值。

$$\alpha_i = \arctan\frac{T(i)-T(i-1)}{t_i - t_{i-1}} = \frac{\Delta T}{\Delta t}$$

式中,α_i 为改进的切线角;t_i 为某一监测时刻;Δt 为与计算 S 对应的单位时间段(一般采用一个监测周期,如一天、一周);ΔT 为单位时间段内 $T(i)$ 的变化量。

显然,根据上述定义:

当量 $\alpha_i < 45°$,斜坡处于初始变形阶段;

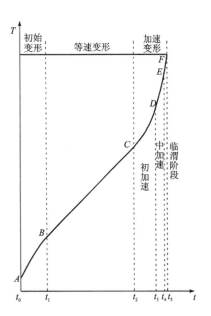

图 4-33 经坐标变换后的滑坡 $T\text{-}t$ 曲线

当量 $\alpha_i \approx 45°$,斜坡处于等速变形阶段;

当量 $\alpha_i > 45°$,斜坡处于加速变形阶段直至破坏。

需要说明的是,根据上述改进切线角的计算方法分析计算切线角时,S-t 曲线的监测数据应采用累积位移-时间资料;如果不同变形阶段监测周期(Δt)不相同,应采用等间隔化处理方法使监测周期一致,即保持不同变形阶段的 Δt 相同(图 4-34)。

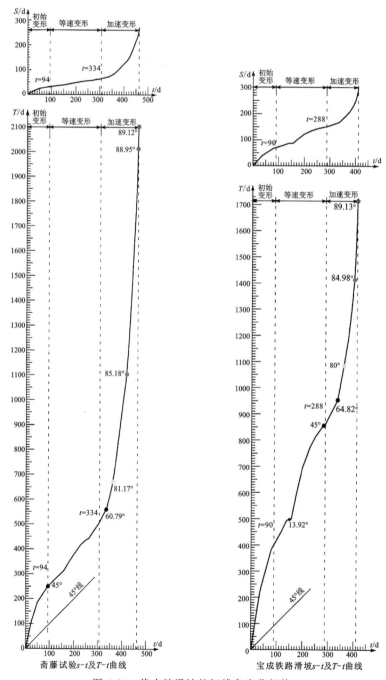

图 4-34　代表性滑坡的切线角变化规律

当然,我们还可以基于滑坡监测的"变形-时间曲线"(S-t 曲线),将其转化为其他相关参数曲线(图 4-35),从而获取滑坡演化阶段划分依据或预警阈值。

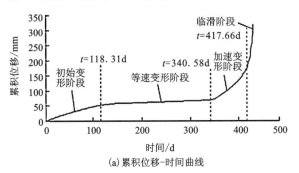

(a) 累积位移-时间曲线

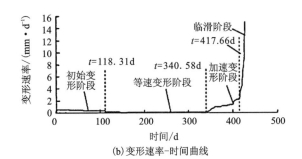

(b) 变形速率-时间曲线

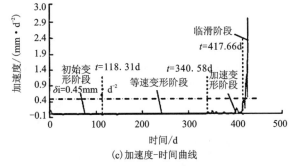

(c) 加速度-时间曲线

图 4-35　基于滑坡位移曲线的预测预报判据(据许强等,2008)

主要参考文献

北京数泰科技有限公司.公路边坡安全监测系统设计方案[R].北京:北京数泰科技有限公司,2011.

工程地质手册编委会.工程地质手册[M].北京:中国建筑工业出版社,2018.

胡跃苏,等.岩溶区高速公路道路运营安全监测技术与预警研究[R].杭州:浙江省交通投资集团有限公司杭金衢分公司,浙江省交通规划设计研究院,2015.

刘传正.地质灾害监测与预警预报[R].北京:中国地质环境监测院,2008.

苗青,陈广泉,刘文全,等.莱州湾地区海水入侵灾害演化过程及成因[J].海岸工程,

2013,32(2):69-78.

王洪德,高幼龙,等.地质灾害监测预警关键技术方法研究与示范[M].北京:中国大地出版社,2008.

许强,汤明高,徐开祥,等.滑坡时空演化规律及预警预报研究[J].岩石力学与工程学报,2008(6):29-37.

中华人民共和国国土资源部.DZ/T 0283—2015 地面沉降调查与监测规范[S].北京:地质出版社,2015.

第五章 突发性地质环境问题监测

第一节 崩塌监测

一、监测目的(中华人民共和国国土资源部,2006)

(1)监测崩塌变形破坏活动特征及相关要素。

(2)研究崩塌地质环境、类型、特征,分析其形成机制、活动方式和诱发其变形破坏或活动的主要因素与影响因素,评价其稳定性。

(3)研究和掌握崩塌变形破坏的规律及其发展趋势,为地质灾害防治工程勘查、设计、施工提供资料,检验防治工程效果。

(4)研究、制定崩塌变形破坏判据,及时按有关规定预报灾害可能发生的时间、地点和强度(量级)。

二、监测前所需收集的资料(中华人民共和国国土资源部,2006)

对确定进行监测的崩塌应有相应的地质调(勘)查等资料作依据。资料包括:

(1)地质勘查报告(或说明书),主要内容如下。

①自然条件和地质条件,包括水文气象、地形地貌、地层岩性、地质构造、地震和新构造运动、水文地质条件等。

②崩塌的特征与成因,包括规模、类型和一般特征,形成条件和发育过程,变形或活动特征等。参见表5-1。

表 5-1 崩塌(危岩体)一般分类表

划分依据	类型	特征说明
破坏方式	滑移式崩塌	危岩沿软弱面滑移,于陡崖(坡)处塌落
	倾倒式崩塌	危岩转动倾倒塌落
	坠落式崩塌	悬空或悬挑式眼快拉断、折断塌落
危岩体积	小型危岩	$<1\times10^4 m^3$
	中型危岩	$1\times10^4 m^3 \sim 10\times10^4 m^3$
	大型危岩	$10\times10^4 m^3 \sim 100\times10^4 m^3$
	特大型危岩	$>100\times10^4 m^3$

续表 5-1

划分依据	类型	特征说明
危岩体顶端距陡崖(坡)脚高度	低位危岩	≤15m
	中位危岩	15m～50m
	高位危岩	50m～100m
	特高位危岩	>100m

③崩塌的稳定性评价，包括岩土物理力学参数、稳定性计算、试验成果和综合评价进一步变形破坏或活动的方式、规模和主要诱发因素与影响因素等。

(2)崩塌所在地区和影响范围内的社会-经济现状与发展远景规划资料，包括人口、直接经济价值等。

(3)能满足监测点、网布设的地形图、地质图(含平面图和剖面图)和附近建设现状与规划图。

三、监测内容及要求(中华人民共和国国土资源部,2006)

(一)监测内容

监测内容依据下列因素确定：
(1)崩塌的赋存条件、地质特征和变形、活动的主要因素与相关因素。
(2)崩塌变形破坏的可能方式。
(3)崩塌稳定性评价的需要和预报模型、预报判据的需要。

崩塌监测的内容一般分为 3 类：变形监测、相关因素监测和宏观前兆监测，如表 5-2 所示。

表 5-2 崩塌监测内容(据国土资源部地质环境司等,2014)

监测内容	监测方法	方法分类	测量内容和范围
变形监测	位移监测	绝对位移监测	位移方向、三维位移量、位移速率
		相对位移监测	裂缝变形量(裂缝张开、抬升、错动、闭合、下沉)
	倾斜监测	地面倾斜监测	角变位、倾摆变形、倾倒及切层蠕动等
		地下倾斜监测	
	变形相关物理量监测	地声监测	声音信号
		地应力监测	应力值
		地温监测	温度

续表 5-2

监测内容	监测方法	方法分类	测量内容和范围
相关因素监测	地表水监测		流量、水位、含沙量、地表水冲蚀情况以及对崩滑体的影响
	地下水监测	崩塌范围内的钻孔、坑、硐、井、盲沟监测	地下水的水量、水位、水温、水质、水压等动态变化
		崩塌范围内泉水的监测	流量、水质、水温等动态变化
		崩塌范围内裂隙水监测	水位的动态变化
	气象监测		监测降水量、气温、融雪量、蒸发量、降雪量等
	地震监测		监测附近及其外围地震情况,并分析地震强度及发生时间和地点,评价对崩滑体稳定性的影响
	人类活动监测		监测与崩滑体的形成和再活动有关的人类工程活动,如削坡、洞掘、振动、加载、渗漏、爆破、水库或渠道水位变化等,并据以分析其对崩滑体稳定性的影响
宏观前兆监测	宏观地声监测		监听崩滑体变形破坏前发出的宏观地声。标志着岩石被剪断或剪切面之间的剧烈摩擦,是崩塌体剧烈变形和破坏的前兆,应监听其发声地段,并立即做出预报
	宏观地形变监测		监测崩塌体变形破坏前出现的地表裂缝以及前缘岩土体局部坍塌、鼓胀、剪出。测量其产出部位、变形量及其变形速率
	落石监测		通过安装红外光栅监测崩塌落石,通过统计分析落石频率与崩塌失稳的关系,对崩塌失稳的可能性做出预判,并及时预警

崩塌必须进行绝对位移、相对位移、宏观变形前兆监测和主要相关因素监测,监测的具体内容应根据崩塌特点,有针对性地确定。

基于不同类型和特点的崩塌,相关因素监测的重点和内容如下。

(1)降雨型岩质崩塌,除监测地下水、地表水和降水动态变化等内容外,还应重点监测裂缝的充水情况、充水高度等。

(2)冲蚀型及明挖型崩塌应重点监测:前缘的冲蚀(或开挖)情况,坡脚被切割的宽度、高度、倾角及其变化情况,坡顶及谷肩处裂缝发育程度与充水情况,以及地表水和地下水的动态变化。

(3)洞掘型崩塌应进行洞内、井下地压监测。包括顶板(老顶)下沉量及岩层倾角变化,顶板冒落、侧壁鼓出或剪切,支架变形和位移,底鼓等。有条件时应进行支架上压力值的监测。

(二)分级分主次确定崩塌变形破坏的监测对象

监测对象可以是但不一定全是主要预报对象,尤其是对大型崩塌。一般情况下,主要预报对象:

(1)变形速率大的地段或块体。
(2)产生严重危害的地段或块体。
(3)对整个崩塌的稳定性起关键作用的地段或块体。
(4)对整个崩塌的变形破坏具有代表性的地段或块体。

(三)正确确定崩塌灾害范围

1. 灾害范围

(1)崩塌自身的范围。
(2)崩塌运动所达到的范围。
(3)崩塌所造成的次生灾害(如涌浪、堵江、堵河、堵渠和在暴雨条件下滑坡、崩塌迅速转化为泥石流等)的危害范围。
(4)地震、暴雨等其他灾害条件下放大效应所波及的范围。

2. 确定灾害范围时,应考虑的条件

(1)崩塌运动的规模、范围、形式和方向。
(2)崩塌运动场所内的地形、地貌、地质及水文条件。
(3)崩塌的运动速度和加速度,在峡谷区产生气垫浮托效应、折射回弹及多冲程的可能性。
(4)次生灾害产生的可能性和波及的范围。对于涌浪、堵江、堵河、堵渠等,应对不同水位、流量条件下不同崩塌规模(土石体积)、运动速度所产生的灾害进行分析。

四、监测技术与方法(中华人民共和国国土资源部,2006)

(一)监测方法及仪器

崩塌变形监测方法分为地表变形监测、地下变形监测、与崩塌变形有关的物理量监测和与崩塌形成、活动相关因素监测等,应根据崩塌特点及少而精的原则选用。

崩塌监测时人工施测有危险的地段和时段,应设置具备远距离监测、遥测或自动监测功能的监测设施(表5-3)。列为群测群防对象的崩塌体的变形,应用简易监测方法和宏观前兆监测方法进行监测(王延平,2016)。

表 5-3 崩塌灾害监测方法表

监测内容		监测方法	常用监测仪器	监测特点	监测方法适用性评价
地表变形监测	滑坡、崩塌变形绝对位移监测	大地测量法（两方向或三方向前方交会法、双边距离交会法、视准线法、小角法、测距法、几何水准和精密三角高程测量法等）	高精度测角、测距仪器，包括经纬仪、水准仪、测距仪、全站仪等	监测滑坡、崩塌二维(X,Y)、三维(X,Y,Z)绝对位移量。量程不受限制，能大范围全面监控滑坡、崩塌的变形，技术成熟，精度高，成果资料可靠；但受地形、通视条件限制和气象条件（风、雨、雪、雾等）影响，外业工作量大，周期长	适用于所有滑坡、崩塌不同变形阶段的监测，是监测工作的基础
		全球定位系统(GPS)法	单频、双频GPS接收机等	可实现与大地测量法相同的监测内容，能同时测出滑坡、崩塌的三维位移量及其速率，不受视通条件和气象条件的影响，精度正在不断提高。缺点是价格稍贵	同大地测量法
		近景摄影测量法	测量相机、高分辨率数码相机、摄影经纬仪等	仪器在多个不同位置拍摄滑坡、崩塌影像，构成多个像对。测量影像中位于滑坡、崩塌体上的监测点的像点坐标和相关控制可获取各测点的三维坐标。外业工作简便，获得的图像是滑坡、崩塌的真实记录，可随时进行比较。缺点是精度不及常规大地测量法，设站受地形限制，内业工作量大	主要适用于变形速率较大的滑坡监测，特别适用于陡崖危岩体的变形监测
		遥感(RS)法	地球卫星、飞机和相应的摄影、测量装置	通过对周期性拍摄的航片或卫片进行处理，获得滑坡、崩塌的变形	适用于大范围、区域性滑坡、崩塌的变形监测
	滑坡、崩塌变形相对位移监测	地面倾斜法	地面倾斜仪等	监测滑坡、崩塌地表倾斜变化及其方向，精度高，易操作	主要适用于倾倒和角度变化的滑坡、崩塌（特别是岩质滑坡）的变形监测。不适用于顺层滑坡的变形监测

续表 5-3

监测内容	监测方法		常用监测仪器	监测特点	监测方法适用性评价
地表变形监测	滑坡、崩塌变形相对位移监测	测缝法 简易监测法	钢尺、水泥砂浆片、玻璃片等	在滑坡、崩塌裂缝、崩滑面、软弱两侧设标记或埋桩(混凝土桩、石柱等)、插筋(钢筋、木筋等),或在裂缝、崩滑面、软弱带上贴水泥砂浆片、玻璃片等,用钢尺定时量测其变化(张开、闭合、位错、下沉等)。简便易行,成本低,便于普及,直观性强,但精度稍差	适用于各种滑坡、崩塌不同变形阶段的监测,特别适用于群测群防监测
		机测法	双向或三向测缝计、收敛计、伸缩计等	监测对象或监测内容同简易监测法。成果资料直观可靠,精度高	同简易监测法。是滑坡、崩塌变形监测的重要方法
		电测法	电感调频式位移计、多功能频率测试仪和位移自动巡回检测系统等	监测对象或监测内容同简易监测法。该法以传感器的电性特征或频率变化表征裂缝、崩滑面、软弱带的变形情况,精度高,自动化程度高,数据采集快,可进行远程距离有线传输,实现数据微机化管理。但对监测环境(气象等)有一定的选择性	同简易监测法。特别适用于加速变形、临近破坏的滑坡、崩塌的变形监测
地下变形监测	滑坡、崩塌变形相对位移监测	钻孔倾斜法	钻孔倾斜仪	监测滑坡、崩塌体内深度崩滑面、软弱面的倾斜变形,反求其横向(水平)位移以及崩滑面、软弱带的位置、厚度、变形速率等。精度高,资料可靠,测读方便,易保护。因量程有限,故当变形加剧、变形量过大时常无法监测	适用于所有滑坡、崩塌的变形监测,特别适用于变形缓慢、匀速变形阶段的监测。是滑坡、崩塌深部变形监测的主要方法
		测斜法	地下倾斜仪、多点倒锤仪	在平洞口内、竖井中监测不同深度崩滑面、软弱带的变形情况。精度高,效果好,但成本相对较高	适用于不同滑坡、崩塌,特别是岩质滑坡、崩塌的变形监测,但在其临近失稳时慎用
		测缝法(人工测、自动测、遥测)	基本同地表测缝法,还常用多点位移计、井壁位移计等	基本同地表测缝法。人工测在平洞、竖井中进行;自动测和遥测将仪器埋设于地下。精度高,效果好,缺点是仪器易受地下水、气的影响和危害	基本同地表测缝法

续表 5-3

监测内容		监测方法	常用监测仪器	监测特点	监测方法适用性评价
地下变形监测	滑坡、崩塌变形相对位移监测	重锤法	重锤、极坐标盘、坐标仪、水平位错计等	在平洞口内、竖井中监测崩滑面、软弱带上部相对于下部岩体的水平位移。直观、可靠、精度高，但仪器易受地下水、气的影响和危害	适用于不同滑坡、崩塌的变形监测，但在其临近失稳时慎用
		沉降法	下沉仪、收敛仪、静力水准仪、水管倾斜仪等	在平洞内监测滑面（带）上部相对于下部的垂向变形情况以及软弱面、软弱带垂向收敛变形等。直观、可靠、精度高，但仪器易受地下水、气的影响和危害	同重锤法
与崩塌、滑坡变形有关的物理量测量		声发射监测法	声发射仪、地音仪等	监测岩音率（单位时间内声发射事件次数）、大事件（单位时间内振幅较大的声发射事件次数）、若音能率（单位时间内声发射能量的相对累计值），用以判断岩质滑坡崩塌变形情况和稳定情况。灵敏度高，操作简便，能实现有线自动巡回自动检测	适用于岩质滑坡、崩塌加速变形、临近崩滑阶段的监测。不适用于土质滑坡的监测
		应力-应变监测法	地应力计、压缩应力计、管式应变计、锚索（杆）测力计等	埋设于钻孔、平洞、竖井内，监测滑坡、崩塌内不同深度应力、应变情况，区分压力区、拉力区等。锚索（杆）测力计用于预应力锚固工程锚力监测	适用于不同滑坡、崩塌的变形监测。应力计也可埋设于地表，监测表部岩土体应力变形情况
		滑坡推力监测法	钢弦式传感器分布式光纤压力传感器、频率仪等	利用钻孔在滑坡的不同深度埋设压力传感器，监测滑坡横向推力及其变化，了解滑坡的稳定性。调整传感器的埋设方向，还可用于垂直向压力的监测。均可以自动测和遥测	适用于不同滑坡的变形监测，也可以为防治工程设计提供滑坡推力数据
与崩塌、滑坡形成和变形相关因素测量		地下水动态监测法	测盅、水位自动记录仪、孔隙水压力计、钻孔渗压计、测流仪、水温计、测流堰等	监测滑坡、崩塌内及周边泉、井钻孔、平洞、竖井等地下水水位、水量、水温和地下水孔隙水压力等动态，掌握地下水变化规律，分析地下水、地表水、大气降水的关系，进行其与滑坡、崩塌变形的相关分析	地下水监测不具普遍性。当滑坡、崩塌形成和变形破坏与地下水具有相关性，且在雨季或地表水位抬升时滑坡、崩塌内具有地下水活动时，应予以监测

续表 5-3

监测内容	监测方法	常用监测仪器	监测特点	监测方法适用性评价
与崩塌、滑坡形成和变形相关因素测量	地表水动态监测法	水位标尺、水位自动记录仪、流速仪和自动记录流速仪、流量堰等	监测与滑坡、崩塌相关的江、河或水库等地表水体的水位、流速、流量等,分析其与地下水、大气降雨的联系,分析地表水冲蚀与滑坡、崩塌变形的关系等	主要在地表水、地下水有水力联系,且对滑坡、崩塌的形成、变形有相关关系时进行
	水质动态监测	取水样设备和相关设备	监测滑坡、崩塌内及其周边地下水、地表水水化学成分变化情况,分析其与滑坡、崩塌变形的相关关系。分析内容一般为:总固形物,总硬度,暂时硬度,pH 值,侵蚀性 CO_2,Ca^{2+},Mg^{2+},Na^+,K^+,HCO_3^-,SO_4^{2-},Cl^-,耗氧量等,并根据地质环境条件增减监测内容	根据需要确定
	气象监测	温度计、雨量计、风速仪等气象监测常规仪器	监测降雨量、气温等,必要时监测风速,分析其与滑坡、崩塌形成、变形的关系	降雨是滑坡、崩塌形成、变形的主要环境因素,故在一般情况下均应进行以降雨为主的气象观测(或收集资料),进行地下水监测的滑坡、崩塌则必须进行气象监测(或收集资料)
	地震监测	地震仪等	监测滑坡、崩塌内及地震强度发震时间、震中位置、震源深度、地震烈度等,评价地震作用对滑坡崩塌形成、变形的关系	地震对滑坡、崩塌形成、变形和稳定性起重要作用,以收集资料为主
	人类工程活动监测		监测开挖、削坡、加载、洞掘、水利设施运营等对滑坡、崩塌形成变形的影响	一般都应进行

续表 5-3

监测内容	监测方法	常用监测仪器	监测特点	监测方法适用性评价
宏观变形地质监测		常规地质调查设备	定时、定路线、定点调查滑坡、崩塌出现的宏观变形情况（裂缝的发生和发展，地面隆起、沉降、坍塌、膨胀，建筑物变形、开裂等）以及与变形有关的异常现象（地声，地下水或地表水异常，动物异常等），并详细记录。必要时加密调查。有平洞等地下工程时，还应进行地下宏观变形调查。该方法直观性和适应性强，可信度高，具有准确的预报功能	适用于不同滑坡、崩塌变形的监测，尤其是加速变形、临近破坏阶段的监测，是滑坡、崩塌变形监测的重要监测方法

（二）监测点网布设及频率

1. 监测网点布设

崩塌变形监测网布设原则：应根据崩塌的地质特征及其范围大小、形状、地形地貌特征、视通条件和施测要求布设。监测网是由监测线（即监测剖面，以下简称测线）、监测点（以下简称测点）组成的三维立体监测体系，监测网的布设应能达到系统监测崩塌的变形量、变形方向，掌握其时空动态和发展趋势，满足预测预报精度等要求。

测线应穿过崩塌的不同变形地段或块体，并尽可能照顾崩塌的群体性和次生复活特征，还应兼顾外围小型崩塌和次生复活的崩塌。测线两端应进入稳定的岩土体中。纵向测线与主要崩塌变形方向相一致；有两个或两个以上变形方向时，应布设相应的纵向测线；当崩塌呈旋转变形时，纵向测线可呈扇形或放射状布设。横向测线一般与纵向测线相垂直。在以上原则下，测线应充分利用勘探剖面和稳定性计算剖面，充分利用钻孔、平硐、竖井等勘探工程。

2. 监测频率

对崩塌体监测，特别是变形监测，监测时间间隔，可分为正常监测和特殊监测两类。正常监测是指处于缓慢变形或等速变形阶段的崩塌体，正常监测时间间隔 15d 一次，比较稳定的可每月一次；在汛期，险情预报、警报期，防治工程施工期等情况下必须加密监测，宜一天一次，甚至不间断地进行监测。

（三）监测预警与预报

崩塌灾害预测预报的研究目的是为了防灾减灾，能在灾害发生前及时监测及时预警，减少人员伤亡和财产损失。由于地质环境的复杂性，即使掌握了崩塌灾害破坏的控制性因素，也往往由于其他次要因素的影响造成崩塌、破坏预测的偏差，这就需要对预警模型深入研究并对崩塌进行综合预警，减小其他因素诱发崩塌的预报风险（王延平，2016）。

1. 崩塌监测预警须遵循的原则(中华人民共和国国土资源部,2006)

(1)区域性崩塌变形破坏预报,主要进行预测级和部分预报级预报,宜在每年雨季前进行巡查并进行稳定性评价,提出预报报告。

(2)单体崩塌变形破坏预报,应合理选择预报参数。一般情况下:

①短临前兆参数是首要的预报参数,是准确预报崩塌变形破坏的参数;

②多维位移监测数据,是崩塌变形破坏预报的最基本参数,其中绝对位移数据是预报模型所必需的参数;

③倾斜监测数据是崩塌变形破坏预报的重要参数之一;

④地声监测数据是岩质崩塌变形破坏的重要参数之一,具有较短的时效性和较高的有效性;

⑤地应力、滑坡推力、地温及地下水监测数据,均是崩塌变形破坏表征的预报参数;

⑥应结合实际监测内容和方法选取预报参数,进行多参数综合评判和预报,以提高预报的准确性。

(3)宏观前兆监测资料对崩塌变形破坏预报极为重要,在分析上面的(2)单体崩塌变形破坏预报中所列的参数时,必须和宏观监测资料相结合。

(4)崩塌变形破坏预报模型的建立和预报判据的确定,应遵循如下原则和方法:

①在地质模型和实施的监测内容、方法的基础上,选择建立适宜的、有效的监测预报模型;

②在进行滑坡变形破坏预报时,宜建立类比分析、因果分析、统计分析等模型,进行多参数、多模型的综合评判以提高预报的准确性;

③预报模型建立以后,应利用已经发生过的相似的崩塌监测资料,进行反演分析,检验模型的有效性并初步确定相应的预报判据。

2. 预报等级、预警级别划分与判定

1)崩塌变形破坏预报等级

按时间分为预测级、预报级、警报级。各等级内容见表5-4。

表5-4 滑坡与崩塌预报等级表

预报等级	时间	空间	方法	指标	手段	预防措施
中长期预报 (预测级)	1年以上	区域,单体	调查评价	危险程度	危险程度区划和数据库	防治工程或搬迁
短期预报 (预报级)	1年至几天	少量区域,单体为主	调查评价与监测	临界值	1.区域自然、地貌、地质、社会因素分析; 2.变形位移监测	抢险应急工程或常规紧急避难

续表 5-4

预报等级	时间	空间	方法	指标	手段	预防措施
临灾预报（警报级）	几天以内	单体	监测	警戒值	1.变形位移监测和地声等物理量监测；2.宏观变形监测；3.气象、水文与地质等相关因素监测	紧急避难

2）基于危险性的崩塌预警级别的综合判定（王延平，2016）

危险性主要指崩塌发生的可能性，越到崩塌演化的后期其危险性越大。由于崩塌破坏时加速变形阶段时间短，失稳具有突发性。所以当崩塌变形进入加速变形阶段后，就可认为崩塌具有失稳的危险性。

在实际的崩塌监测预警中，崩塌的危险性级别很难准确判定，由于崩塌的类型较多，每种类型崩塌的变形演化过程有所不同，所以需要分别给出不同类型的崩塌危险级别的判定。这就需要依据崩塌的变形演化特征，以变形曲线-时间特征、宏观变形破坏迹象为基础，以变形速率、加速度、临界位移值以及其他物理量的监测信息为判据，综合判定崩塌危险性级别，详见表5-5。

表 5-5 基于危险性的崩塌预警级别的综合判定

变形时间曲线示意图		初始变形	等速变形	等速变形后期	加速变形
预警级别		注意级	警示级	警戒级	警报级
预警信号		蓝色	黄色	橙色	红色
变形阶段		初始变形阶段	等速变形初期和中期	等速变形后期	加速变形阶段
倾倒	变形曲线特征	初始阶段变形曲线呈"S"变形特征，具有加速变形过程和减速变形过程	曲线宏观呈现倾斜直线，局部有扰动引起的波动		变形曲线陡升，因基座性质不同曲线呈现不同的陡峭程度；速度倒数法参数：脆性基座 $a=1.0596$；塑性基座 $a=1.46886$
	预警判据 变形临界值	——	——	S_{cr}/K K为安全系数	S_{cr}
	裂隙临界水头			h_{cr}/K K为安全系数	h_{cr}

续表 5-5

	变形阶段	初始变形阶段	等速变形初期和中期	等速变形后期	加速变形阶段
滑塌型崩塌	变形曲线特征	初始阶段变形曲线呈现凸型变形，曲线特征与外界扰动的强烈程度有关	曲线宏观呈现倾斜直线，局部有扰动引起的波动		加速变形阶段变形曲线较陡，曲线曲率较大，速度倒数法 $a=1.286\,64$
预警判据	变形临界值			S_{cr}/K K 为安全系数	S_{cr}
	裂隙临界水头			h_{cr}/K K 为安全系数	h_{cr}
预警模型	黄金分割法		$\dfrac{T_1}{(T_1+T_2)}=(0.8\sim 0.9)$ 用于崩塌中长期预报，其中 T_1 位崩塌等速变形阶段的历时，T_2 为崩塌进入加速初始变形阶段直至崩塌发生时的总历时		
	速度倒数法				用于崩塌短期预报，通过拟合实验数据确定模型方程参数 A,a。代入方程进行计算。式中 t_r 为发生失稳的时间。 $\dfrac{1}{V}=$ $[A((a-1)(t_f-t)]^{\frac{1}{(a-1)}}$
	斋藤迪孝法				$t_r-t_1=$ $\dfrac{\frac{1}{2}(t_2-t_1)^2}{(t_2-t_1)-\frac{(t_3-t_2)}{2}}$ 适合崩塌短期预报，其中，t_r 为崩塌发生破坏时间，t_1、t_2、t_3 为时间位移曲线上三点，且 $t_1\sim t_2$，$t_2\sim t_3$ 这两段之间的位移量相等

续表 5-5

变形阶段		初始变形阶段	等速变形初期和中期	等速变形后期	加速变形阶段
坠落型崩塌	变形曲线特征	初始阶段变形曲线呈现"S"变形特征,加速变形数值直线变形状态	变形基本停止,失稳触发后,变形曲线以直角状态变化		
	预警判据 变形临界值		S_{cr}		
	预警判据 振动信号				具有与变形方向一致的强烈振动信号

五、实例：链子崖危岩体监测预警

（一）链子崖危岩体地质背景概况（刘传正,2012）

1. 发育特征

链子崖位于西陵峡新滩镇南岸,属黄陵背斜西翼,东距九畹溪断裂 2km,西距仙女山断裂 5km,位于这两个活动性断裂夹持地带。链子崖危体位于长江南岸第一斜坡,为一南北向展布的长条形岩体,两面临空,东部和北端均为百余米的高陡崖,崖高 80～100m,坡角 20°～30°。东壁为近南北向展布,北壁为北西西向,与长江近平行。其西部和南端与山体部分相连,大部分被裂隙所切割。开裂岩体顶面为灰岩层面构成的层面坡,走向北东,倾北西,倾角 26°～35°,地势南高北低,岩体南端顶面高程为 495m,北端为 170m。岩体在崖顶形成 30 余条宽大裂缝,不同方向的裂缝相互组合,切割范围南北长 700m,东西宽 30～180m,面积约 0.54km², 将链子崖分成 3 个危险崖段,体积达 332 万 m³,紧临长江,一旦失稳,将直接危及长江航运和人民生命财产安全（图 5-1、图 5-2）。

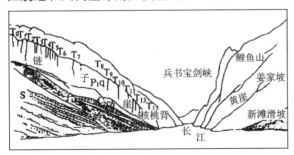

图 5-1 链子崖危岩体在地形上的四分之象限格局
（据刘传正,2012）

图 5-2 链子崖实景图
（据马传明等,2014）

开裂岩体底部为质地软弱的煤系地层和大面积采空区,中上部为厚层坚硬的灰岩块体,间夹薄层碳质页岩。开裂岩体内存在两种软弱结构面,一种为煤系地层与页岩夹层组成的原生沉积结构面,另一种为节理裂隙组成的次生构造结构面,主要有北西向、近东西向和近南北向的3组陡倾裂隙,密度小,延伸长,是拉张变形的优势面(马传明等,2014)。

2. 发育条件

链子崖地区内出露地层自上而下为:第四系粉质黏土夹碎块石,下二叠统栖霞组灰岩与梁山组煤系地层,上石炭统灰岩、白云质灰岩,泥盆系石英砂岩,石英岩、石英砂岩与页岩互层,中志留统纱帽组砂岩、细砂岩、泥岩和页岩。岩层单斜,斜坡结构为横向坡与斜向坡。

区内地下水以岩溶水和碎屑岩裂隙水为主,前者赋存于二叠系与石炭系灰岩、白云质灰岩中,后者赋存于泥盆系与志留系砂页岩中,二叠系底部煤系地层为相对隔水层(马传明等,2014)。

3. 变形特征

链子崖危岩体为栖霞灰岩,向北西方向倾斜,倾角约30°,下伏1.6~4.2m厚的梁山煤层,构成危岩体软弱基座。煤层下为石炭系灰岩和泥盆系砂岩与志留系页岩。链子崖危岩体裂缝发育,可分为13组裂缝。在长期采煤作用下,导致下伏煤层多处掏空,加剧了危岩体的变形破坏。可将之分为3个区:

$T_0 \sim T_6$缝区:体积约100万m^3,位于链子崖后部,是变形破坏最为强烈的地段。其中,T_6缝已下错1.1m,现今变形明显,在下部接近煤层处,已出现压裂臌胀现象。

T_7缝区:体积约2万m^3,位于链子崖后部。呈饼状依附于陡崖壁上。稳定性较差,现今表层常有落石发生。

$T_8 \sim T_{12}$缝区:体积约220万m^3。由于紧临长江,因此,对航运的威胁最大。其中,以水马门"五万方"的变形的破坏最为强烈,可归纳为3个方面:"五万方"近期出现的一新裂缝(T_{13}),将其前缘切割成厚约5m的薄板状岩块,俗称"一万方",表层膨胀压裂现象明显,并出现落石,同时,底部(沿R_{203}软层)形成压裂带。在"一万方"顶部沿R_{301}软层出现俗称"五千方"的厚层(10m)岩体,并且向北西—北临空方向蠕滑(图5-3)。

"五万方"南部,上覆疙瘩状灰岩(厚5m),沿R_{401}软层出现表层滑移现象,并以"七千方"表层滑移体为代表,向北西方向蠕滑(马传明等,2014)。

4. 成因分析(马传明等,2014)

由于山体底部被大面积采空,由坚硬碳酸盐岩组成的采空区顶板,恰似一巨大的厚板斜铺于空区之上,其受力状态类似悬臂梁,在梁的支撑上部造成应力集中形成拉裂。其具体成因:①岩层产状向长江倾斜;②长江切蚀使岩石临空而失去支撑;③链子崖所处区段的地层为二叠系茅口组(P_2m)和下伏的栖霞组(P_2q),二者岩性皆为能干性强的灰岩,在垂直层面方向发育一系列节理构造,加之灰岩为可溶性岩石,在地表水和地下水以及重力卸荷作用下使得节理构造裂缝加大;④栖霞组(P_2q)下伏的梁山组(P_1l)出露者为页岩夹煤层,属于能干性差的软弱层,又具隔水层之性能,地表水下渗至该层可形成一个润滑层/面,使上覆岩块沿其滑动;⑤当地居民挖掘煤矿形成采空区,更易导致加剧上覆岩块向下滑动。

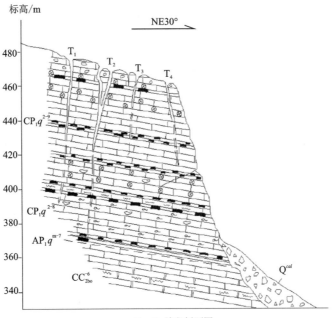

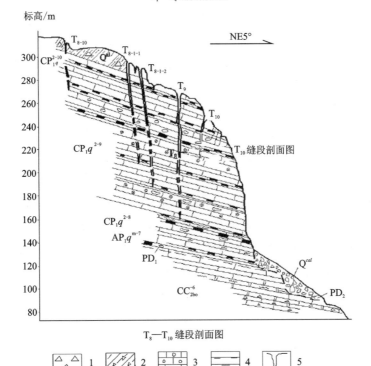

图 5-3 链子崖危岩区典型剖面图

1.第四系崩积块石;2.第四系堆积碎石土;3.二叠系栖岩;
4.二叠系与鞍山煤系地层;5.裂缝

(二)链子崖危岩体监测方案(王尚庆,2011)

1. 危岩体变形监测预报目的

链子崖危岩体防治主要由 $T_8 \sim T_{12}$ 缝区危岩体底部煤层采空区承重阻滑键工程及"五万方"危岩体及"七千方"表层滑移体预应力锚索加固防治工程组成。危岩体变形监测预报是链子崖地质灾害防治不可分割的重要组成部分,它在危岩体防治中,既是一个独立的单元体系,又是防治的有机组成部分。其主要目的是在防治施工过程中,同步监测危岩体、裂缝的变化动态,分析判断危岩体的稳定性及其变形发展趋势,以便反馈设计,指导施工,及时捕捉重大变形信息,进行超前预报,确保施工安全;防治施工结束以后,进行防治效果监测及长期监测,监视危岩体的变形动态,预测危岩体的变形发展趋势。

2. 监测系统布设的基本要求

(1)以防治施工安全监测和防治后竣工效果监测为主。首先应满足防治施工安全监测的需要,以便反馈设计,指导施工,确保施工安全。

(2)突出重点,兼顾全局。监测的重点部位是 $T_8 \sim T_{12}$ 缝段危岩体,尤其是"五万方"危岩、"七千方"滑体、底部煤层采空区及预应力锚索受力状况的监测。

(3)以表面岩石绝对形变、深部位移和l裂缝变形监测为主要手段,监控 $T_8 \sim T_{12}$ 缝区裂缝及其分割体的整体变形,监测危岩体沿滑动面、软弱面的变化动态。监测方法采取人工测读与自动测量相结合,仪器测读与现场巡视相结合。

(4)尽量利用已有监测设施。新增仪器设备应简易可行,直观可靠,节省投资。仪器性能应与其布置的测量环境相适应,以保证监测成果质量和监测系统正常营运。

(5)监测点位要求呈网格状,以利监测裂缝及其分割岩体的变形活动,建立空间三维的监测系统,并力求形成较完整的剖面,沿上、下高程能有资料相互比较、印证,有利数据处理,综合分析;监测点应重点布置在最有可能发生位移、岩体变形量大及对施工影响最大的部位。控制点应选在稳固可靠的基岩上,岩石要完整,无裂缝(隙),避开孤石和风化石。

(6)整个监测系统包括监测点勘选、仪器埋设、数据采集、储存和传输、数据处理、信息反馈等环节,应能快速地提供监测资料,并及时对危岩体变形进行分析判断,预测预报,供有关部门决策。

3. 监测要素、方法及仪器

链子崖危岩体防治施工安全监测预报系统优化,主要包括岩体位移、裂缝变形、钻孔测斜、水平孔多点位移、预应力锚索加固及岩体应力变化等6个监测系统的调整增设、改进完善工作,达到能够满足防治施工安全监测预报、防治效果监测及长期监测的需要(表5-6)。

表 5-6 链子崖 $T_8 \sim T_{12}$ 缝段危岩体防治施工安全监测系统优化工作布置简表

序号及监测项目	监测方法	监测仪器	监测内容	监测点部位	监测点数量
1.岩体位移监测	大地形变测量法（三角交会法、小角法及精密水准测量法）	WILDT3 经纬仪、WILDN3 水准仪及 YC-1800 全站仪	裂缝分割岩体的水平位移（大小、方向）、垂直位移及速率变化	$T_8 \sim T_{12}$ 缝段表部、下部	42
2.裂缝变形监测	人工测读与自动巡回监测	游标千分卡尺 AFD-1型位移计	裂缝两侧岩体相对张开、闭合、位错及升降等变化	$T_8 \sim T_{12}$ 缝段各裂缝	77
3.钻孔测斜监测	人工测读	CX-01型数显测斜仪	危岩体深部（$R_{001} \sim R_{402}$）位移变化	$T_8 \sim T_{12}$ 缝段危岩体及7千方滑坡体	5
4.水平孔多点位移计监测	自动巡回监测	FD-2型电感调频式钻孔多点位移计	"五万方"危岩深部位移变化	"五万方"危岩东、西侧临空陡壁	3
5.预应力锚索加固监测	人工测读	GMS 锚索测力计	"五万方"危岩预应力锚索的锚固力变化	"五万方"危岩临空陡壁	锚索9根（1000kN,2000kN,3000kN各3根）
6.岩体应力变化监测	自动巡回监测	压力盒,YJ-90型三向压磁应力计	T_{12} 缝上部凹槽,下部三角空腔.煤硐回填效果及承重阻滑键受力状况	T_{12} 缝、R_{203} 软层、煤层空区回填部位承重阻滑键	35

4. 监测仪器布设及监测网络

1）岩体位移监测（大地形变测量）系统优化

根据新滩链子崖岩崩滑坡区的平面形态和监测范围，1985年12月建立了新滩滑坡与链子崖大地形变测量监测控制网（图5-4），其点位精度估算在 2.06～5.77mm。控制点埋设在链子崖危岩及新滩滑坡区外围稳定的基岩上。每隔半年或1年用 WILDT3 经纬仪，按国家准一等三角测量的精度要求检测控制点的稳定性。坐标系统采用独立坐标系（近似于1954年北京坐标系）。高程采用1956年黄海高程系统。

根据 $T_8 \sim T_{12}$ 缝险段危岩体底部煤层采空区承重阻滑键和北部前缘"五万方"危岩体防治锚索加固施工安全监测的特点和要求，有针对性地新增了监测手段和监测点，优化了防治施工安全监测系统（图5-5）。

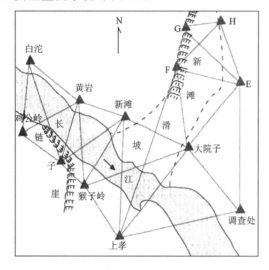

图5-4 长江三峡新滩链子崖大地形变监测控制网示意图

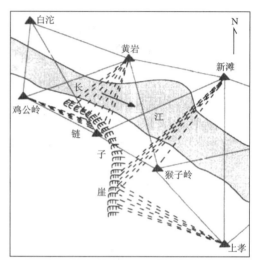

图5-5 链子崖危岩体位移两方向前方交会监测示意图

于1995年10月，在 $T_8 \sim T_{12}$ 缝区的地表及其东北侧崖下增设10个岩体位移交会观测点（图5-6），在"五万方"危岩顶面新建5个小角法位移观测点，在"七千方"滑体恢复和增设3个交会测点；1997年8月，为了检验"五万方"危岩防治预应力锚索加固效果，快速准确地测定危岩体朝长江方向的位移变化，预测预报"五万方"危岩的稳定性，又在"五万方"临空陡壁面增设9个岩体位移交会观测点。同时链子崖大地形变交会监测点点位精度基本满足链子崖危岩体防治施工水平位移、垂直位移监测设计的精度要求。

图5-6 危岩体位移监测点

2）裂缝监测系统优化

(1) 裂缝相对位移监测（机测）。

裂缝相对位移监测是测量山体裂缝（隙）两侧相对张合、位错、下沉量及速率变化直观可靠的必要手段（图 5-7）。针对链子崖裂缝的组合关系及变形特征，1987 年在链子崖 $T_0 \sim T_6$、$T_8 \sim T_{16}$ 等 16 条主干裂缝的地表、缝中埋设有 41 个裂缝相对位移观测点，构成了链子崖裂缝监测系统。选用特制的裂缝量测仪和游标千分卡尺监测裂缝分割岩体之间水平向、垂直向的相对位移，实际量测精度±0.1mm。观测周期 1～5 次/月，如发现异常变化，则随时加密监测次数并分析监测数据。

图 5-7　链子崖 T9 裂缝位移监测点

(2) 裂缝变化监测（电测）。

为了加强危岩体防治施工裂缝变化监测，1995—1996 年在 $T_8 \sim T_{16}$ 等 8 条重要裂缝上新增监测点 26 个计 44 支传感器（崖上 21 个观测点，36 支传感器；崖下 5 个观测点，8 支传感器）。其中三向监测测点 5 个，双向观测点 8 个，单向观测点 13 个。Dr_{203}、D_{d7} 观测点安装在软弱层面或滑动面上（图 5-8）。

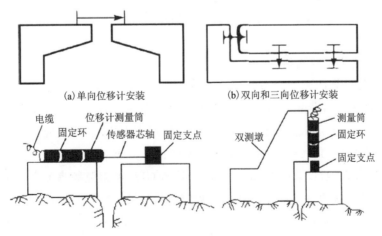

图 5-8　裂缝相对位移监测点及传感器安装示意图

3) 钻孔测斜监测系统完善

为了监测 T_9 缝以北岩体和 $T_8 \sim T_9$ 缝间岩体沿 R_{301}、R_{203}、R_{202}、R_{201} 及 R_{001} 软弱夹层和 "七千方" 滑体沿 R_{402}、R_{101} 及 R_{301} 软层的滑移动态变化特征,1996 年 11 月,在原有 ZK_1、ZK_2、ZK_3 测斜钻孔监测点的基础上,增建测斜钻孔监测点 2 个(ZK_4 孔深 164m,ZK_5 孔深 158m),采用 CX-01 型数显测斜仪,定期或不定期观测测斜管口至不同深度软弱夹层的位移量,确定岩体发生位移的位置、大小及方向与变化速率,并结合孔口地面岩体位移监测资料分析判定 T_9 缝以北岩体的整体稳定性(图 5-9)。

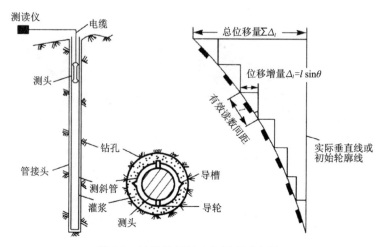

图 5-9　钻孔测倾斜工作原理示意图

4) 水平孔多点位移计监测系统安装

为了监测 T_{11} 缝以北岩体位移变化状况及锚索加固的防治效果,1997 年 1—5 月,在 "五万方" 危岩体陡壁 3 个水平孔内安装 AFD-2 型电感调频式钻孔多点位移计 3 处(计 11 支传感器),连接 AFD-30 型 30 道位移自动巡回检测系统,定时监测沿孔轴方向不同深度岩体的位移动态变化。结合预应力锚索测力计的监测资料,分析 "五万方" 危岩的稳定性,以保证防治施工安全。

5) 建立预应力锚索监测系统

由于种种原因,会造成预应力锚索应力损失,并随时间的增长而产生松弛。因此,根据 "五万方" 危岩锚索加固安全监测的需要,1996 年 11 月—1997 年 6 月,在 "五万方" 危岩体陡壁面选取 1000kN、2000kN、3000kN 级锚索孔内建立 "五万方" 岩体预应力锚索测力计监测点 9 个,即使用 3 种规格(1000kN、2000kN、3000kN)的传感器各 3 只(其中 3 只位于 "五万方" 东,6 只位于 "五万方" 西),采用 GMS 锚索测力计和 GPC 型钢弦频率测定仪组成测量系统进行监测,以便掌握预应力锚索的工作状态和加固防治效果,发现问题时应及时采取补救措施,确保危岩体锚索加固的安全。

6) 建立岩体应力变化监测系统

为了解危岩体底部煤硐回填效果和承重阻滑键工作的性能及受力状况变化,1995 年 6 月—

1999年1月,在P_{D1}、P_{D2}、P_{D6}、P_M平硐承重阻滑键体与上覆岩体接触面上安装5MPa或10MPa压力盒,建立岩体应力监测点44处,使用MFT-1型多功能频率测试仪进行监测。

7)气象监测

1995—1999年,在距危岩体约100m处的瓦岗住地安装雨量计1台、普通温度计1支、手持式风速计1台,以监测实时气象信息;2000年迁至核桃背。同时,在水马门建立采样机房1处,在采样机房和瓦岗住地中心机房间建立远距离传输系统,并与中心处理微机互联,实现数据的远程自动控制及实时采样。

(三)链子崖危岩体监测数据成果及分析(王尚庆,2011)

1.监测时间阶段划分及数据资料应用

(1)防治前变形监测:1994年12月31日以前。
(2)防治施工安全监测:1995年1月1日—1999年12月31日。
(3)防治效果监测:2000年1月—2004年12月。
治理前:1992年—1995年4月(危岩体防治设计监测阶段)。
治理中:1995年5月—1999年8月(危岩体防治施工安全监测阶段)。
治理后:1999年9月—2001年8月(危岩体防治效果监测阶段)。

可以观察到治理前位移曲线趋近为线性,变化较平缓;治理中变化较治理前剧烈,是受施工影响所致;而治理后位移曲线表现几乎成条水平直线,表明没有水平位移,这充分说明链子崖危岩体的防治效果明显,并为危岩体的变化动态与规律分析和防治验收提供了科学依据(图5-10)。

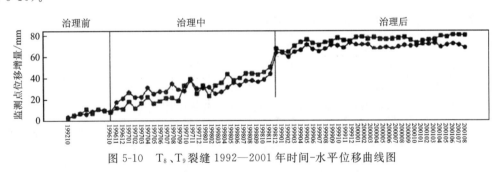

图5-10 T_8、T_9裂缝1992—2001年时间-水平位移曲线图

2.链子崖危岩体监测预报的重要作用

1)监测预报在危岩体防治施工前、中、后的作用

监测预报工作始终贯穿了链子崖危岩体防治的可行性研究、施工及防治效果检验的全过程,起到了重要作用。选取$T_8 \sim T_{12}$缝段危岩体防治施工前、中、后具有代表性监测点的监测数据资料进行危岩体变形动态特征分析。

(1)防治施工以前危岩体变形特征。

由防治施工前(1995年5月前)监测资料分析,链子崖$T_8 \sim T_{12}$缝区危岩体主要朝北北西—北北东向累进位移,即危岩体大体顺岩层向偏长江临空方向运动,水平位移变化1.05~4.27mm/a,垂直下沉位移0.4~1.84mm/a。宏观地质巡查结果显示,危岩体地表裂缝开裂、陡壁岩块崩落,底部煤洞顶底板变形显著,显示了危岩体变形处于不均匀蠕变阶段,其变形破坏的形式一般以崩塌为主,且有在特殊不利情况下发生大规模滑移的条件。因此,监测结果为危岩体防治可行性论证提供了直接的定量依据。

(2)防治施工期间的危岩体变形特征。

防治施工中(1995年5月—1999年8月),链子崖T_8~T_{12}缝区危岩体运动方向则转为北至北东向(即临空陡壁方向),变形量显著增大,水平位移变化6.80~18.85mm/a,下沉变化7.52~21.23mm/a(表5-7,图5-11),其变形具有累进性位移变化特征,变形速率明显大于防治施工以前,呈整体加速变形趋势。宏观地质巡查发现1996年8—11月地表T_9缝水泥防水盖板多处出现剪切、拉裂、挤压变形;P_{D5}平硐内T_9缝中的土石崩落、阻塞平硐。从变形过程曲线不难看出,危岩体整体加速变形一直持续到1999年7月。显而易见,施工扰动影响了危岩体稳定性,这与1996年8—11月危岩体底部煤层采空区承重阻滑键工程开挖强度过大,多个平斜硐一起同时施工扰动危岩体有关。

因此,1996年底根据岩体监测与变形分析结果及时发出预警,建议防治工程施工调整施工顺序,严格控制施工进度,控制岩体变形发展。

(3)防治施工之后危岩体变形特征。

防治施工之后(1999年8月—2003年11月),岩体位移监测表明,链子崖T_8~T_{12}缝区危岩体水平位移变化0.48~1.09mm/a,下沉位移变化0.37~0.76mm/a(表5-7),变形不明显。即所有监测点的水平位移和垂直位移明显减小,并逐渐趋于稳定,说明防治成效显著。

表5-7 T_8~T_{12}缝区危岩体防治施工前、中、后监测点位移变化量比较

点名	施工前 (1990-01—1995-05)		施工中 (1995-06—1999-08)		施工后 (1999-08—2003-11)		监测点位置
	ΔF (位移量/方向)	ΔH /mm	ΔF (位移量/方向)	ΔH /mm	ΔF (位移量/方向)	ΔH /mm	
T_8	1.36mm/35°	1.0	18.85mm/8°	20.44	0.48mm/8°	0.76	T_8~T_9缝间岩体东近陡崖上
T_{81}	4.27mm/350°	0.65	13.49mm/339°	21.23	1.85mm/9°	0.74	T_8~T_9缝间岩体东部地表
T_{82}	1.05mm/330°	1.19	8.70mm/351°	16.31	0.93mm/15°	0.73	T_8~T_9缝间岩体中部地表
T_{83}	1.39mm/30°	0.94	10.92mm/38°	8.30	0.58mm/45°	0.70	T_8~T_9缝间岩体西部地表
T_9	1.20mm/45°	0.40	11.60mm/30°	11.25	1.09mm/49°	0.37	T_9~T_{10}缝间岩体东近陡崖上
T_{10}	1.36mm/41°	1.84	7.92mm/28°	11.43	0.98mm/55°	0.59	T_{10}~T_{12}缝间岩体西部地表
$F_上$	1.66mm/8°	1.38	8.86mm/29°	11.55	0.85mm/37°	0.50	T_{10}~T_{12}缝间岩体东近陡崖上
$S_北$	1.32mm/348°	1.23	6.80mm/41°	7.52	0.95mm/38°	0.37	T_{10}~T_{12}缝间岩体北近陡崖上

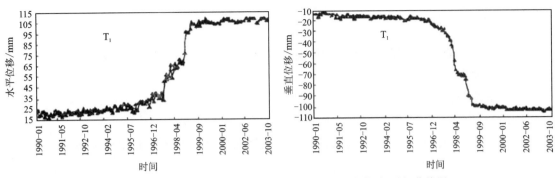

图 5-11 T_9 缝区危岩体防治施工前、中、后监测点位移-时间曲线图

2) 监测预报在反馈防治设计、指导施工中的重要作用

经过优化的链子崖危岩体防治监测预报系统,具有全方位立体监控危岩体变形、快速捕捉到危岩体微小的变形信息、超前预测预报危岩体变形破坏、及时反馈设计、指导施工的功能,在防治施工期间发挥了重要作用。

第二节 滑坡监测

鉴于崩塌、滑坡、泥石流等地质灾害均属于突发性地质环境问题,其监测目的及监测前所需收集的资料具有相似性。因此,本节滑坡监测目的、监测前所需收集的资料,可参照本章第一节考虑。

一、监测内容及要求

(一)监测内容(中华人民共和国国土资源部,2006)

滑坡监测的内容:变形监测、影响因素监测、宏观前兆监测。如图 5-12 所示。

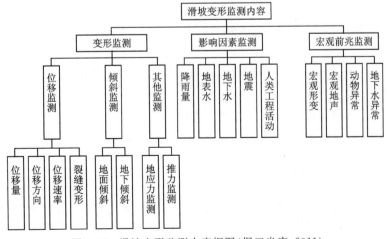

图 5-12 滑坡变形监测内容框图(据王尚庆,2011)

1. 滑坡变形监测

滑坡变形监测一般包括位移监测和倾斜监测，以及与变形有关的物理量监测。

1）位移监测

位移监测分为地表的和地下（钻孔、平硐内等）的绝对位移监测和相对位移监测。

(1) 绝对位移监测，监测滑坡的三维（X、Y、Z）位移量、位移方向与位移速率。

(2) 相对位移监测，监测滑坡重点变形部位裂缝两侧点与点之间的相对位移量，包括张开、闭合、错动、抬升、下沉等。

2）倾斜监测

分为地面倾斜监测和地下（平硐、竖井、钻孔等）倾斜监测，监测滑坡的角变位与倾倒、倾摆变形及切层蠕滑。

3）与滑坡变形有关的物理量监测

一般包括地应力、推力监测和地声、地温监测等。

2. 滑坡形成和变形相关因素监测

一般包括下列内容。

1）地表水动态

包括与滑坡形成和活动有关的地表水的水位、流量、含沙量等动态变化，以及地表水冲蚀情况和冲蚀作用对滑坡的影响，分析地表水动态变化与滑坡内地下水补给、径流、排泄的关系，进行地表水与滑坡形成与稳定性的相关分析。

2）地下水动态

包括滑坡范围内钻孔、井、洞、坑、盲沟等地下水的水位、水压、水量、水温、水质等动态变化，泉水的流量、水温、水质等动态变化，土体含水量等的动态变化。分析地下水补给、径流、排泄及其与地表水、大气降水的关系，进行地下水与滑坡形成和稳定性的相关分析。

3）气象变化

包括降雨量、降雪量、融雪量、气温等，进行降水等与滑坡形成和稳定性的相关分析。

4）地震活动

监测或收集附近及外围地震活动情况，分析地震对滑坡形成与稳定性的影响。

5）人类活动情况

主要是与滑坡的形成、活动有关的人类工程活动，包括洞掘、削坡、加载、爆破、振动，以及高山湖、水库或渠道渗漏、溃决等，并据以分析其对滑坡形成与稳定性的影响。

3. 滑坡变形破坏宏观前兆监测

(1) 宏观形变。包括滑坡变形破坏前常常出现的地表裂缝和前缘土体局部坍塌、鼓胀、剪出，以及建筑物或地面的破坏等。测量其产出部位、变形量及其变形速率。

(2) 宏观地声。监听在滑坡变形破坏前常常发出的宏观地声及其发声地段。

(3) 动物异常观察。观察滑坡变形破坏前其上动物（鸡、狗、牛、羊等）常常出现的异常活动现象。

(4)地表水和地水宏观异常。监测滑坡地段地表水、地下水水位突变(上升或下降)或水量突变(增大或减小),泉水突然消失、增大、浑浊,突然出现新泉等。

4. 不同类型滑坡监测要点

滑坡应进行绝对位移、相对位移、宏观形变前兆监测和主要相关因素监测。监测的具体内容应根据滑坡特点有针对地确定。不同类型和特点的滑坡,其相关因素监测的重点内容是:

(1)降雨型土质滑坡,应重点监测地下水、地表水和降水动态变化等内容;降雨型岩质滑坡,除监测上述内容外,还应重点监测裂缝的充水情况、充水高度等。

(2)冲蚀型及明挖型滑坡应重点监测:前缘的冲蚀(或开挖)情况,坡脚被切割的宽度、高度、倾角机器变化情况,坡顶及谷肩处裂缝发育程度与充水情况,以及地表水和地下水的动态变化。

(3)洞掘型滑坡应进行洞内、井下地压监测。包括顶板(老顶)下沉量及岩层倾角变化,顶板冒落,侧壁鼓出或剪切,支架变形和位移,底鼓等。有条件时应进行支架上压力值的监测。

(二)分级分主次确定滑坡变形破坏的监测对象

监测对象可以是但不一定全是主要预报对象,尤其是对大型滑坡。一般情况下,主要预报对象是:

(1)变形速率大的地段或块体。
(2)产生严重危害的地段或块体。
(3)对整个滑坡的稳定性起关键作用的地段或块体。
(4)对整个滑坡变形破坏具有代表性的地段或块体。

(三)正确确定滑坡灾害范围

1. 灾害范围

(1)滑坡自身的范围。
(2)滑坡运动所达到的范围。
(3)滑坡所造成的次生灾害(如涌浪、堵江、堵河、堵渠和在暴雨条件下滑坡迅速转化为泥石流等)的危害范围。
(4)地震、暴雨等其他灾害条件下放大效应所波及的范围。

2. 确定灾害范围时应考虑的条件

(1)滑坡运动的规模、范围、形式和方向。
(2)滑坡运动场所内的地形、地貌、地质及水文条件。
(3)滑坡的运动速度和加速度,在峡谷区产生气垫浮托效应、折射回弹及多冲程的可能性。

（4）次生灾害产生的可能性和波及的范围。对于涌浪、堵江、堵河、堵渠等，应对不同水位、流量条件下不同滑坡规模（土石体积）、运动速度所产生的灾害进行分析。

二、监测技术与方法

（一）监测方法及仪器（王尚庆，2011）

国内外滑坡变形监测主要采用常规大地测量法、GPS测量法、近景摄影测量法、遥感（RS）法、地面倾斜法、机测法、电测法、钻孔测斜法、测斜法、测缝法、重锤法、沉降法、声发射监测法、应力-应变监测法、滑坡推力监测法、地表（下）水动态监测法、水质动态监测法、地震监测法、气象监测法及宏观变形地质观测法等，主要监测滑坡体的三维位移、倾斜变化及有关物理参数与环境影响因素。表5-3列举了监测内容、监测技术方法、常用监测仪器、监测特点及其适用性。

（二）监测点网布设及频率（王尚庆，2011）

滑坡变形监测网布设原则：应根据滑坡的地质特征及其范围大小、形状、地形地貌特征、视通条件和施测要求布设。监测网是由监测线（即监测剖面，以下简称测线）、监测点（以下简称测点）组成的三维立体监测体系，监测网的布设应能达到系统监测滑坡的变形量、变形方向，掌握其时空动态和发展趋势，满足预测预报精度等要求。

测线应穿过滑坡的不同变形地段或块体，并尽可能照顾滑坡的群体性和次生复活特征，还应兼顾外围小型滑坡和次生复活的滑坡。测线两端应进入稳定的岩土体中。纵向测线与主要滑坡变形方向相一致；有两个或两个以上变形方向时，应布设相应的纵向测线；当滑坡呈旋转变形时，纵向测线可呈扇形或放射状布设。横向测线一般与纵向测线相垂直。在以上原则下，测线应充分利用勘探剖面和稳定性计算剖面，充分利用钻孔、平硐、竖井等勘探工程。

1. 滑坡监测网布设

常见的滑坡变形监测网型有如下几种：

（1）十字型。纵向、横向监测剖面线构成十字型，监测点布设在监测剖面线上，剖面线两端设置在稳定的岩土体上并分别布设测站点（放测量仪器）和照准点，在测站点上用大地测量法施测每个监测点的位移变化。这种网型适用于范围不大、平面狭窄的滑坡（图5-13）。

（2）方格型。在滑坡范围内，多条纵向、横向监测剖面线近直交，组成方格网，监测点设在监测剖面线的交点上。测站点、照准点布设同十字网型。这种网型测点分布的规律性强，且较均匀，监测精度高，适用于地质结构复杂的滑坡。

（3）三角（或放射）型网。在滑坡外围稳定的地方设测站点，自测站点按三角形或放射状布设若干条监测剖面线，在其终点设照准点，在监测剖面线交点或侧线上设监测点，在测站点用大地测量法等监测测点的位移变化，对监测点进行三角交会法监测时，可不设照准点。这种网型测点分布的规律性差，不均匀，距测站近的监测点的监测精度较高（图5-14）。

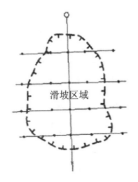

图 5-13　十字型布设示意图(李奎等,2009)

图 5-14　放射状布设示意图(李奎等,2009)

2. 滑坡监测点位布设

由于不同类型的滑坡,变形运动特征和破坏方式不同,监测点位的布置也应根据滑坡的地质结构、空间形态及失稳机制选择关键性的监测部位合理布设,每个监测点均应有独立的监测、预报功能。力求突出重点,兼顾整体,绝对位移监测与相对位移监测相结合,地表监测与深部监测相结合,几何量监测与物理量监测相结合。

(1)监测点要求成格网状,形成纵、横监测剖面线,便于监测滑坡的整体变形,分析判断滑坡受力状态的主滑方向。

(2)监测点要求地表、深部上下对应,构成立体监测剖面线,以便监测成果能上下相互印证比较,有利于数据处理和综合分析。

(3)监测点应布设在监测剖面线上或其两侧5m范围内;深部监测点的孔位底部应进入滑床基岩5m左右;监测点位应安全可靠,便于长期监测。

(4)监测点位应整体布局合理,突出重点,有针对性和代表性,形成点、线、面立体监测系统。监测点应重点布置在对滑坡整体稳定性起关键作用、应力相对集中及有可能产生滑移变形的关键部位,每个监测点具有独立的预报功能。

(5)滑坡监测网的控制点应布置在滑坡区外围稳定可靠的基岩上,岩石要完整无裂缝(隙),避开孤石和风化石。监测网的控制点稳定性每隔半年应检测一次。

3. 滑坡重点监测部位优化

由于不同类型滑坡的地质结构、空间形态及失稳机制与所处的地质环境不同,各种环境因素对滑坡的影响及其程度也不尽相同。故有必要针对不同类型滑坡的重点监测部位进行优化。

(1)对于牵引式滑坡,由于此类滑坡是由斜坡下部坡体失稳滑动引起中上部坡体失稳而产生的由下而上依次下滑的滑坡,一般滑坡中部、前缘部位变形量相对较大,后缘部位变形量相对较小。因此,滑坡地表位移监测和深部位移监测的重点应是滑坡体的中部、前缘部位。

(2)对于推移式滑坡,由于此类滑坡是由斜坡上部坡体失稳滑动推动下部坡体而产生的滑坡,一般滑坡中部、后缘变形量相对较大,前缘变形量相对较小。因此,滑坡地表位移监测和深部位移监测的重点应是滑坡体的中部、后缘部位。

(3)对于降雨型滑坡,由于此类滑坡变形主要由大气降雨等因素引起,除进行必要的地表位移监测和深部位移监测外,滑坡监测重点是降雨量、泉水流量、地下水位变化等。

(4)对于水库蓄水型滑坡,由于此类滑坡的前缘受库水位的长期浸泡、库水位升降变动及对滑坡前缘的冲淘,从而使滑坡体的阻滑力下降,此时滑坡前缘变形量较大;因此,除进行必要的地表位移监测和深部位移监测外,应在滑坡的中部、前缘布置地下水位监测孔,重点监测库水位涨、落期间的地下水位变化。

(5)对于岩质滑坡,监测的重点是裂缝和应力、应变监测。位移监测应侧重于地表,深部位移监测点应布置在裂缝较为集中的部位。

(6)对于浅层滑坡,由于此类滑坡体的厚度一般小于10m,滑坡位移监测一般应侧重于地表,深部位移监测可以适当减少。

(7)对于中层滑坡及深层滑坡,由于此类滑坡厚度较大,除进行必要的地表位移监测外,应侧重滑坡体的深部位移监测。

4. 滑坡监测仪器要求及对精度控制优化

1)对监测仪器及其精度控制的要求

监测仪器精度(或灵敏度)要求较高,应能满足监测设计的精度要求,精确可靠;能适应监测环境,抗腐蚀能力强,受温度、冻融、风、水、雷电、振动等作用影响小;具有长期稳定性与可靠性,故障少,便于维修和更换。监测仪器和设备应按有关观测规范要求进行检验和校正,确保精确可靠。

2)对监测精度控制的要求

应根据滑坡的变形量确定,一般监测误差应小于变形量的1/10~1/5。尤其是地表位移的监测精度应根据滑坡变形的不同阶段灵活掌握。当滑坡处于缓慢变形阶段时,其监测精度应满足相应的规范和规程要求;当滑坡处于加速变形阶段或处于临滑状态时,以满足滑坡预测预警分析的要求为原则,监测精度可适当放宽,监测周期则加密,避免监测精度的浪费,以便有更多的时间及时捕捉到滑坡变形信息。

5. 滑坡监测周期优化

滑坡变形监测周期(或频率)的优化,应根据滑坡的动态变化及变形速率灵活缩短或延长监测周期(或频率)。如滑坡治理前的监测周期宜选为1次/月,治理施工过程中的监测周期应进行加密,治理后随着危岩体的逐步稳定,监测周期可渐次加长。

一般而言,当滑坡处于缓慢变形阶段,且变形量小时,监测周期可长些,而监测精度则要求高些,如每月监测一次,当雨期、江水涨落幅度较大及有其他因素影响时,应适当加密监测次数;当滑坡处于加速变形阶段或出现异常变化时,应加密监测次数,监测精度可适当放宽;当滑坡处于临滑状态时,有条件的应尽量进行连续监测,如在库水位涨、落期间,汛期雨季,宜加密监测;在滑坡变形速率加大或出现异常变化时,应根据滑坡的不同预警级别及对监测数据分析的需要,适时调整监测周期(或频率),增加监测次数并及时分析加速变形或异常变化的原因。

(三) 监测预警与预报

1. 滑坡预测与预报模型(易武等,2011)

滑坡预测的方法多种多样,但由于每种方法预报时所考察的预报参数不尽相同,对监测数据的时间序列要求也不一致,且分别针对不同的预报阶段。建立与选用预报模型时必须遵循一定的原则:

(1)模型的选择应用必须以滑坡体的地质条件为基础,模型能够用监测数据验证,并有足够的精度,以进一步用于预测预报。

(2)尽可能充分利用已有勘察试验研究成果及获取的监测数据和地质调查信息。

(3)不同发育阶段,需选择不同的预测预报模型。

(4)多种方法综合运用,相互验证,提高预测预报的精度和可靠性。

综合国内外目前提出的预测预报模型和方法,大致可分为三大类(详细模型及方法见附表10)。

1)确定性预测预报模型

该类模型把有关滑坡及其环境的各类参数用测定的量予以数值化,并用明确的函数来表达其数学关系。此类模型预测可反映滑坡的物理实质,多适用于滑坡或斜坡单体预测。最早提出的斋藤迪孝法、传统的极限平衡分析法以及在数值模拟技术方面发展起来的有限元、边界元、离散元及其耦合方法等都属于确定性方法。

2)统计预测预报模型

该类模型不侧重于滑坡机理的严格数学表达,着重于对现有滑坡及其地质环境因素和其外界作用因素关系的宏观调查与统计,获得其统计规律。适用于滑坡的中短期预报。建立在因果分析和统计分析基础上的各种预报模型均属此列,诸如移动平均法、指数平滑法、灰色系统GM(1,1)、线性与非线性预测模型、时间序列分析预测模型、回归分析法、趋势叠加法、Verhulst生长曲线法、卡尔曼滤波法、动态跟踪法等。

3)非线性预测预报模型

如BP神经网络模型、协同预测模型、动态分维跟踪预报、非线性动力学模型、位移动力学分析法等。非线性预报模型可以识别滑坡所处的变形阶段,适用于临滑预报。

2. 基于多源信息的滑坡综合预报判据法(王尚庆,2011)

1)稳定性系数及可靠概率预报判据法

极限分析法的安全系数为斜坡滑动时消耗的总内力功和外力功的比值,即 $K = \Delta W_{内}/\Delta W_{外}$。当斜坡的总外力功大于滑动时所消耗的内力功时,斜坡将处于不平衡状态,此时的安全系数小于1;反之则斜坡处于稳定状态,安全系数大于1;当两者相等时,斜坡处于临界平衡状态,安全系数等于1。因此,从安全方面考虑,当其安全系数小于或等于1时,对斜坡的稳定都是不利的,将安全系数判据确定为1比较合适。计算安全系数的方法有多种,常用的方法有基于极限平衡理论的条分法、瑞典圆弧法等。

可靠概率判据法是近十余年来人们根据可靠性理论计算得到的滑坡稳定性可靠程度指标(P_s)。一般认为,将可靠概率判据定为95%比较合适,可靠概率判据给出了滑坡的安全度指标,考虑了岩土体的抗剪强度 c 和 φ 等指标的变异性,得出的结果比较符合实际。安全系数及可靠概率判据法是滑坡中、长期预测预报中的常用判据。

2) 变形速率预报判据

由于滑坡变形速率受滑坡体土体的物质组成、滑坡所在位置的边界条件、变形破坏方式及受外界多因素作用诱发的影响,失稳前的变形速率存在很大的差别。因此,用监测点变形速率作为滑坡临滑的预报判据,应该对滑坡本身岩土体的物理力学特性及滑坡所处的地质环境进行深入分析研究。变形速率判据法一般适用于滑坡的中、短期预报及临滑预测预报。

3) 蠕变曲线切线角和矢量角判据

一般而言,滑坡失稳应具备3个面,即切割面、滑动面和有效临空面,从某种意义上讲滑坡位移矢量角的改变,即突然增大或突然减小恰恰是滑体被切割后滑动面向临空面方向剪胀滑移的反映。可以根据绘制的位移-时间蠕变曲线或以预测模型生成蠕变曲线为依据预测滑坡发生的时间。当蠕变曲线上某一点的切线与横坐标的夹角趋近于90°时,所对应的时间即是滑坡发生的时间。但是,一些滑坡往往由于受某种诱发因素作用的影响,如大气降雨,库水位陡涨、陡落及人类活动的影响,导致滑坡时间提前。此时,滑坡进入加速变形至临滑阶段后的切线角大于70°时和位移矢量角突然增大或减少,也可将其作为滑坡时间预报的判据。

4) 滑坡预报宏观前兆判据

常用的滑坡宏观前兆信息评价指标主要包括地表变形(滑坡后缘的张裂缝、沉陷,滑体两侧的剪切裂缝、羽状裂缝,前缘的鼓胀裂缝、放射状裂缝等);地物变形(滑坡体上建筑物开裂,道路错断,滑坡剪出口的形成,贯通导致前缘土体松弛、坍塌或局部滑动、树木倾斜等);地下水异常(滑坡体及前缘泉水点数增加或减少,地下水位发生突变,水质、水量、水温、水的颜色发生变化等);地声(岩土体移动、破裂、摩擦发出的声音,建筑物倒塌、滚石发出的声响等);地气(滑坡区冒出有味或无味的热气等现象);动物异常(鼠、蛇出洞、鸡飞、狗吠等现象)等。

5) 多源信息滑坡综合预报判据法

多源信息综合预报判据法,实际上是通过对滑坡现场监视信息和宏观信息进行综合分析,建立滑坡的长期、中短期、临滑预报模型和宏观预报模型,通过滑坡的长期预报,可以判断滑坡是否处于相对稳定状态;通过滑坡的中短期和临滑预报,可以预测具体滑动时间;通过建立滑坡的宏观预报模型,可以判断滑坡所处的变形阶段。最后,将不同阶段的预测结果有机地结合起来,从而实现滑坡预测的定性与定量相结合、监测信息与宏观信息相结合的多源信息滑坡综合预报判据法。对每一个滑坡预报判据的确定,应根据滑坡的类型、形成机理、变形特征等合理选取,并将变形速度、加速度、变形曲线特征、位移矢量角显著变化及临滑宏观前兆等判据纳入其中。同时,随着监测信息和宏观信息的不断积累以及临滑前兆的明显,对预报方法也应适时进行补充、调整和修正。

3. 滑坡险情预警级别划分(王尚庆,2011)

依据自然资源部和中国气象局制定的地质灾害气象预警分级,结合滑坡监测时空预报模型,并考虑滑坡体的稳定状况、可能发生的时间、规模和变形破坏的发展速度、宏观前兆迹象及其相关影响因素,将滑坡灾害预警按所处变形阶段(图 5-15)可能发生的概率大小和时间排序分为四级:注意级、警示级、警戒级、警报级,把这四级分别以蓝色、黄色、橙色、红色予以标识。

(1)注意级(蓝色):滑坡灾害可能发生的概率小,变形处于匀速初期,有变形迹象,年内可能发生滑坡灾害的可能性不大,定为长期预报。

(2)警示级(黄色):滑坡灾害可能发生的概率较大,变形处于匀速阶段或加速阶段初期,有明显的变形特征,在年内或更长一段时间内有可能发生滑坡灾害,定为中长期预报。

(3)警戒级(橙色):滑坡灾害可能发生的概率大,变形处于加速阶段后期,有明显的短期、临滑前兆特征,在3~5个月内就有可能发生滑坡灾害,定为短期预报。

(4)警报级(红色):滑坡灾害可能发生的概率很大,变形处于加加速阶段,各种短期临滑前兆特征显著,在几天内就有可能发生滑坡灾害,定为临滑预报。

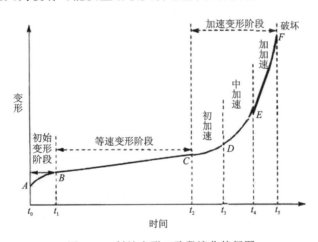

图 5-15 斜坡变形三阶段演化特征图

三、实例:巫山县二郎庙(向家沟)滑坡监测(王洪德等,2018)

(一)巫山县区域地质概况

1. 自然地理条件

巫山县地处渝东大门,隶属于重庆市。巫山新城迁建区(巫峡镇)地处长江三峡巫峡入口,长江北岸与大宁河交汇处、巫山山脉南麓地带,是三峡重庆库区首迁首淹县城,也是库区全迁全淹就地后靠移民城市之一。

2. 地形地貌

巫山县地形地貌复杂,区域地貌为中浅切割褶皱剥蚀侵蚀中低山。长江横贯东西,大宁河、抱龙河等7条支流呈南北向强烈下切,县域内地势受巴雾河以北的大巴山脉和以南的巫山山脉控制,南北高、中间低。由于山体自身的抬升和外界强烈的溶蚀、侵蚀的相互作用,形成地势陡峻、岩溶发育、沟谷密布、峡谷幽深的以中、低山为主少有丘陵平坝的地貌景观。

3. 地层岩性

巫山县全境均为沉积岩构成,自寒武系至第四系,除白垩系和第三系缺失外,其余地层均有出露(表5-8)。

表5-8 巫山新城区主要地层特征

界	系	统	组	段	代号	厚度/m	岩性
中生界	三叠系	中统	巴东组	第三段	T_2b^3	300～400	按岩石组合分为两层:第一层(T_2b^{3-1}):厚度20～40m,灰—深灰色纯灰岩、白云质灰岩,薄层至巨厚层状。第二层(T_2b^{3-2}):区内可见厚度200余米,为灰、灰黄色薄—巨厚层含泥灰岩、泥灰岩、白云质泥质灰岩夹灰色灰岩,上部夹褐红色、棕红色泥灰岩
中生界	三叠系	中统	巴东组	第二段	T_2b^2	300～400	近底部有一层厚2～7m的灰黄色粉—微晶白云质灰岩、灰绿色薄层粉砂岩,较稳定;下部岩性为紫红色泥岩、绢云母粉砂质泥岩;中部为紫红色夹绿色条带状泥岩、粉砂质泥岩夹紫红或黄灰色钙质粉砂岩或细砂岩;上部为紫红色泥岩夹数层2～4m的灰黄色钙质粉砂岩,局部见钙质砂砾岩,近顶都见1层厚度1～4m的灰黄色粉—微晶白云质灰岩
中生界	三叠系	中统	巴东组	第一段	T_2b^1	50～100	灰黄色粉—微晶白云质灰岩夹具鸟眼构造石膏假晶的微晶灰岩及微晶白云岩、泥质灰岩、泥灰岩等,薄—中厚层状构造
中生界	三叠系	下统	嘉陵江组	第四段	T_2j^4	230	为灰—灰黑色微晶—细晶灰岩为主,中厚层、块状结构。底部见有浅灰色薄层白云质灰岩,上部为灰色白云质灰岩及灰岩、角砾状灰岩,层状为主
中生界	三叠系	下统	嘉陵江组	第三段	T_2j^3	>50	灰色微晶—细晶灰岩,含白云石,厚层状为主,块状构造,坚硬、性脆

4. 地质构造及地震

巫山县区域构造位于大巴山弧形构造、川东褶皱带及川鄂湘黔隆裙带三大构造体系结合部,次级褶皱及节理裂隙十分发育,构造地质背景十分复杂。

5. 水文地质条件

监测示范区内总体上巴东组第三段破碎岩体是强透水含水层,下伏巴东组第二段是弱透水相对隔水层。因此来源于巴东组第三段(T_2b^3)破碎岩体的滑坡堆积物为强透水含水层,第二段(T_2b^2)紫红色泥岩、泥质粉砂岩为相对隔水层。

(二)二郎庙(向家沟)滑坡概况

二郎庙(向家沟)滑坡为一特大型深层土质古滑坡,位于巫山县新县城北东侧,大宁河西岸。属巫山县巫峡镇秀峰村所辖。随着三峡工程蓄水位上升,库岸岩(土)体的物理力学性质等将出现变化,致使斜坡前缘岸坡产生坍岸变形,并可能诱发后缘坡体变形或失稳(图 5-16)。

(a)蓄水前　　　　　　　　　　　　(b)蓄水后

图 5-16　二郎庙向家沟滑坡蓄水前后变化

1. 地层岩性及构造

滑坡区及其附近出露地层有第四系人工填土,第四系冲洪积层,第四系坡残积层、滑坡堆积层,基岩为下三叠统嘉陵江组三段灰岩,溶隙现象较发育。

2. 滑坡成因

燕山运动期,巫山地区地质构造强烈,岩体破碎。随着大宁河下切,岩坡原始构造应力释放,原压扭裂隙松弛张开,地表水渗入,表层碎裂岩在几十米深度内同时风化形成几十米厚的块石土,土体力学性能差,为滑坡准备了滑坡物质。由于上部岩体破碎后,地表水易从裂隙中渗入该亲水岩层,岩层遇水即软化,形成软弱土体,软弱土体 C、φ 值极低,滑坡滑带土形成。坡体地形坡度 25°～30°,滑床产状与地表地形相同,倾角 25°～30°,为滑坡易发生地形。随着大宁河不断下切和库水位的涨落,滑坡滑动极有可能产生。

(三)二郎庙(向家沟)滑坡监测方案

1. 监测方法和监测仪器

为了掌握滑坡三维变形和主要影响因素的长期发展过程,确定监测的内容主要为滑坡表面、深部(滑带)位移,地下水动态,降水,库水位等,同时收集工程活动信息,加强重点时期重点部位的宏观地质现象调查。

同一监测内容,可以有很多种监测方法和监测仪器来实现。表5-9列出了示范站采用的监测方法和监测仪器。在后期工作中,补充了滑坡地下水流量监测。2004年引进了光纤应变分析技术(BOTDR),探索其在滑坡变形监测(后拓展至桥梁安全监测)领域的可行性与应用前景。

表5-9 巫山示范站监测方法一览表

监测内容		监测方法	监测仪器	监测参数	意义
滑坡三维位移	地表位移	GPS	Ashtech UZ CGRS	地表水平、垂直位移量	掌握滑坡体三维空间位置变化,判定滑坡滑动范围、滑移量和滑移方向
	深部位移	TDR	TDR监测系统(自研)	深部变形层位置、变形量	主要用于判定滑坡滑动面数量和深度
		钻孔倾斜仪	Sinco固定式钻孔倾斜仪	①滑动面水平位移量;②地温;③气温	掌握滑坡在滑动面处的滑移量和滑移方向,滑动面温度变化,兼顾了环境温度的变化
水动态	孔隙水压力	孔隙水压力监测	孔隙水压力监测仪(自研)	①孔隙水压力;②地温;③含水率(非饱水);④水位(饱水)	掌握滑坡不同深度饱水度、水位、孔隙水压力、温度的变化及其与滑坡变形的相互作用关系
	降水	自动雨量计	翻斗式自动雨量计	①降水量;②降水强度	掌握区内降雨情况,分析降水与地下水的作用关系,分析降水对滑坡变形的影响
	库水位	收集		长江、大宁河水位	分析库水位剧变及周期性变化条件下滑坡的变形动态,分析库水位变动对滑坡稳定性的影响
	坡地下水流量	自动流量计	超声波明渠自动流量计	滑坡地下水流量	分析地下水动态和滑坡变形的关系
应变	滑坡、桥梁应变	BOTDR	BOTDR	光纤分布方向的应变变化	示范应用,探索BOTDR技术用于滑坡变形监测的可行性与前景

2. 监测网点布设

向家沟滑坡共布置了3条监测剖面,分布见图5-17。监测网布置于滑坡体内向家沟沟谷两侧,总体由9个GPS变形监测点、3个固定式钻孔倾斜仪深部位移监测点、1个TDR深部位移监测点、3处孔隙水压力监测点组成。形成3处现场站、2条纵剖面和1条横剖面(图5-18)。

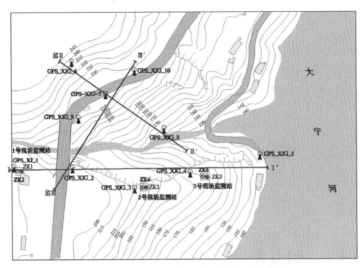

图5-17 向家沟滑坡监测系统平面分布图

图5-18 向家沟滑坡监测系统实地分布图

以Ⅰ-Ⅰ′监测剖面为例,其为滑坡主控剖面,布置于向家沟南侧,顺斜坡方向(近东方向)指向大宁河,长度约270m。监测方法有表面和深部位移、地下水动态等。监测设施包括5个GPS监测标、6个监测钻孔和3处现场站。剖面上的监测点包括5个GPS地表位移监测点,3个固定式钻孔倾斜仪和TDR深部位移监测点,3个孔隙水压力分层监测点(图5-19)。监测点平均线密度约为1个/20m,成组点分布间距60~100m。该剖面为向家沟滑坡整体变形控制剖面,用来分析滑坡不同高程的变形特征(如滑动深度、方向,地表和地下的运动速率等)、地下水和地温等变化,确定滑坡的运动轨迹和失稳方式,进行稳定性计算。

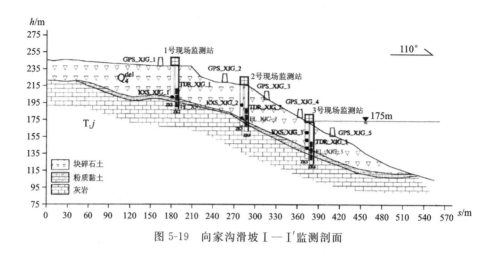

图 5-19 向家沟滑坡 Ⅰ—Ⅰ′监测剖面

(四)二郎庙(向家沟)滑坡监测数据及分析

1. 深部位分析

1)根据钻孔倾斜监测资料

变形量和变形方向分析:表 5-10 的统计结果表明,向家沟滑坡平均变形速率为 0.03～0.36mm/月,变形方向为南西向,和斜坡方向一致。其一,变形速率很小,表明滑坡处于缓慢蠕滑阶段;其二,变形方向和坡向一致,反映滑坡顺坡向朝大宁河方向位移;其三,总体上下部变形速率大于上部,表明滑坡呈牵引式变形运动特征。

表 5-10 向家沟滑坡深部位移监测结果统计表(至 2006 年底)

监测点	起始日期	累计位移量/mm	月平均位移量/mm·月$^{-1}$	位移方向/(°)
EI_XJG_1	2003-07-24	8.33	0.20	—
EI_XJG_2	2005-10-01	0.486	0.03	217
EI_XJG_3	2005-10-21	4.363	0.36	238

变形发展趋势分析:滑坡上部 EL_XJG_1 测点在 2003 年 7 月至 2006 年 2 月间呈近匀速缓慢增长趋势,2006 年 2 月中旬至 5 月中旬变形速率略有增大,而后又恢复至前期水平(图 5-20),可能与该时间段滑坡局部治理工程有关。

2)根据 TDR 深部监测资料

图 5-21 为向家沟滑坡 S1 站 2006 年底 7d 的 TDR 深部位移监测曲线。曲线平直,无明显水平向错出,表明全孔未发生明显的变形。

和固定式钻孔倾斜仪深部位移监测结果(图 5-20)比较,TDR 监测并未反映出滑动带部位的变形,表明 TDR 的监测精度相对较差,对捕捉缓慢蠕滑变形的能力偏低。亦表明,对于滑动带较厚、变形较小的滑坡,TDR 的适用性较差。

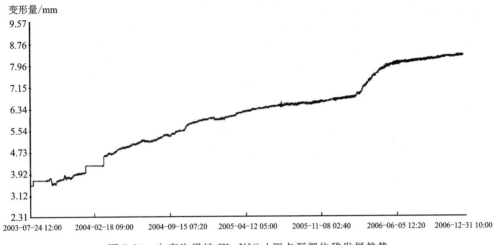

图 5-20　向家沟滑坡 EL_XJG_1 测点深部位移发展趋势

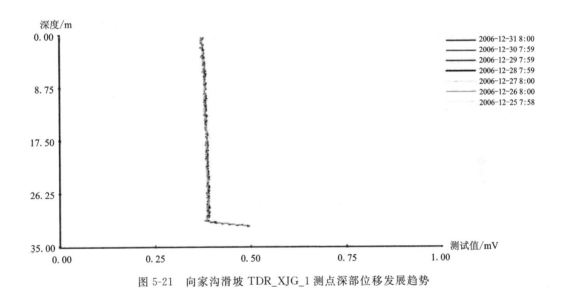

图 5-21　向家沟滑坡 TDR_XJG_1 测点深部位移发展趋势

2. 地表位移分析

GPS 监测由于受网形、地形等多种因素影响,监测成果的精度相对较低,在统计时,采用了趋势线法。由于垂直位移结果精度较差,在此不作分析。

水平位移量和位移方向分析:表 5-11 的统计结果表明,向家沟滑坡水平位移速率为 0.25～0.70mm/月(不计后期建点的 XJG3、XJG4 和 XJG5 测点),位移方向为南—南西,与坡向一致。其一,滑坡地表变形速率较小,表明滑坡处于缓慢蠕滑阶段;其二,变形方向和坡向一致,反映滑坡顺坡向朝大宁河方向位移。分析结果和深部位移监测结果一致。

表 5-11　向家沟滑坡地表位移监测结果统计表（至 2006 年底）

测点编号	初测日期	累计水平位移/mm	水平位移速率/mm·月$^{-1}$	累计垂直位移/mm	垂直位移速率/mm·月$^{-1}$	水平位移方向/(°)
XJG1	2003-10-18	14.951 1	0.39			180～238
XJG2	2003-09-24	19.637 8	0.50			180～209
XJG3	2005-10-17	24.453	1.71			20
XJG4	2005-10-17	15.015	1.05			
XJG5	2005-10-17	17.846 4	1.25			280～350
XJG6	2003-09-24	9.818 9	0.25	−19.046 3	−0.48	180
XJG7	2003-09-24	19.756 1	0.50			180
XJG9	2003-09-24	27.682 2	0.70			180
XJG10	2003-09-24	14.196	0.36			180～189

变形趋势分析如下：图 5-22 为 GPS 地表位移监测点水平位移随时间曲线图，由趋势线可看出，各点位移总体上呈缓慢增长状态，和深部位移变形趋势基本一致。

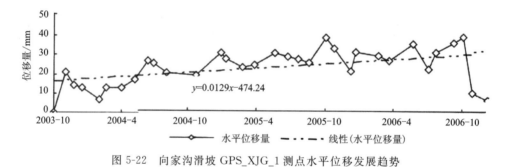

图 5-22　向家沟滑坡 GPS_XJG_1 测点水平位移发展趋势

3. 地下水动态分析

向家沟滑坡共建孔隙水压力监测点 3 处，安装探头 6 个。由于仪器的稳定性原因，只有部分数据比较可靠。以 KXS_XJG_1 测点 2005 年 11 月以前的监测数据为例进行分析。

该测点反映，S1 现场站探头埋设部位大部分时间处于饱水状态（图 5-23），饱水时的水位高程 223.9～224.4m 左右（图 5-24），孔隙水压力 1.45～6.3kPa（图 5-25），水位变幅约 0.5m。分析认为，该处饱水应属于局部含水，其水位变化不会对滑坡的稳定性产生影响。

4. 稳定性评价

向家沟滑坡深部位移、地表位移监测结果表明，滑坡朝坡向位移，滑动带部位平均变形速率仅 0.03～0.36mm/月，地表 0.25～0.70mm/月，变形量较小，且发展趋势平稳，滑体含水率无明显变化，地表亦未发现变形形迹，表明滑坡处于缓慢蠕滑变形阶段，加之治理工程作用，定性评价认为滑坡基本处于稳定状态。

第五章 突发性地质环境问题监测

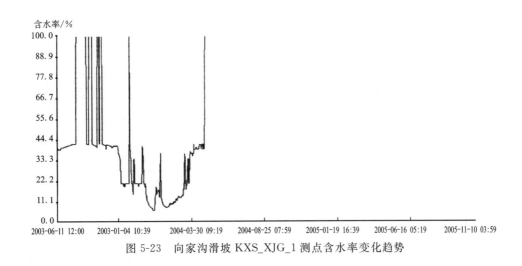

图 5-23 向家沟滑坡 KXS_XJG_1 测点含水率变化趋势

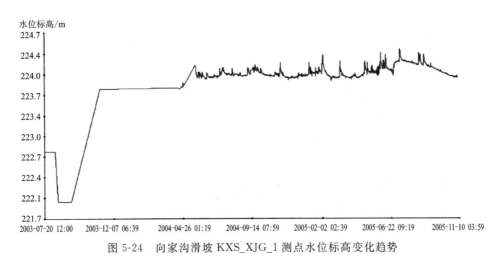

图 5-24 向家沟滑坡 KXS_XJG_1 测点水位标高变化趋势

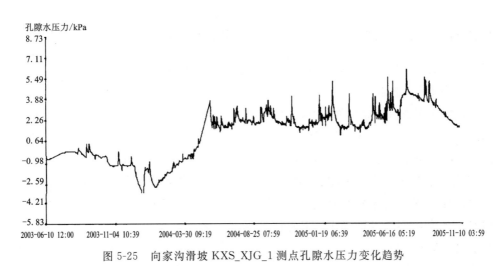

图 5-25 向家沟滑坡 KXS_XJG_1 测点孔隙水压力变化趋势

第三节 泥石流监测

泥石流灾害具有突发性、流速快、危险性大等特点,一经暴发,会造成很严重的社会经济损失。因此对泥石流灾害进行监测预警是十分必要的,通过监测预警,获取泥石流的发展动态,可提前准备避险与抢险救灾工作,有效地减缓因泥石流突然性暴发所造成的威胁与损失。

鉴于崩塌、滑坡、泥石流等地质灾害均属于突发性地质环境问题,其监测目的及监测前所需收集的资料具有相似性。因此,本节泥石流监测目的、监测前所需收集的资料,可参照本章第一节的规定。

一、监测内容

预测泥石流的凭据是能够反映泥石流是否发生以及泥石流暴发后运动特性的有关信息,即泥石流形成条件组合和运动特性组合(方华,2011),因此泥石流的监测内容主要包括对其形成条件监测、运动特征监测和流体特征监测(图5-26)。

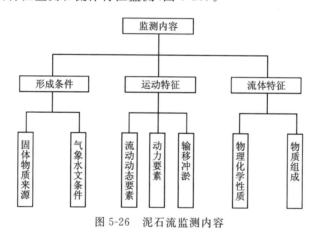

图5-26 泥石流监测内容

1. 泥石流形成条件监测(中华人民共和国国土资源部,2006)

泥石流形成条件监测是指对其固体物质来源、水文气象条件等的监测。

1)固体物质来源监测

固体物质是泥石流形成的物质基础,因此在研究其地质环境和固体物质、性质、类型、规模等基础上,需要对其进行稳定性监测。

泥石流的物质来源有多种形式,因此其稳定性评价条件也会有所不同:

(1)对于固体物质来源于滑坡、崩塌的,其监测内容可参考本章第一节、第二节的规定。

(2)当固体物质来源于松散物质(松散岩土层、人类工程活动造成的废石堆、废渣等堆积物),监测其在暴雨、洪流冲蚀等作用下的稳定性。

2)水文气象条件监测

水是泥石流发生的激发条件,而诱发泥石流发生的水源因素主要是降雨,因此水文气象条件监测主要是监测降雨量和降雨历时(若固体物质分布较为集中,还应进行降雨入渗和地下水动态监测);有时,泥石流的水源也会来自冰雪融化以及溃坝,这时主要监测其消融水量、消融历史,评估溃坝的危险性。

2. 泥石流运动特征监测(中华人民共和国国土资源部,2006)

泥石流运动特征监测包括流动动态要素监测、动力要素监测和输移冲淤等的监测。

(1)流动动态要素监测包括暴发时间、历时、过程、类型、流态、流速、泥位、流面宽度、爬高、陈流次数、沟床纵横坡度变化、输移冲淤变化和堆积情况等,并取样分析,测定输砂率、输砂量或泥石流量、总径流量、固体总径流量等。

(2)动力要素监测主要是对泥石流流体动压力、龙头冲击力、石块冲击力和泥石流地声频谱、振幅等的监测。

(3)输移冲淤监测主要是对速度和堆积量的监测。

3. 泥石流流体特征监测(中华人民共和国国土资源部,2006)

泥石流流体特征监测主要是对固体物质组成(岩性或矿物成分)、块度、颗粒组成和流体稠度、重度(重力密度)、可溶盐等物理化学特性的监测,通过分析其结构、构造和物理化学特性的内在联系与流变模式等,从而预报预警泥石流。

一般监测时,泥石流的流体特征监测和运动特征监测是相结合的。

4. 常规泥石流监测的项目、内容和仪器(表 5-12)

表 5-12 泥石流监测项目、内容、仪器(据师哲等,2012)

监测项目	监测内容	监测仪器
水源监测	雨量、土壤水、径流量	自记雨量计、自计土壤仪、三角堰
土源监测	长度、宽度、厚度、体积、变形情况等	常规地形测量仪
泥石流体观测	容重、泥位、地声、断面、流速、流量、总淤积量、黏度、粒度	容重仪、超声波泥位仪、遥测流速仪、水准仪、遥测地声仪、烘箱、黏度仪、年度筛、黏度分析仪
冲淤观测	速度、堆积量	标桩

二、监测技术与方法

泥石流的监测主要是从其形成的影响因素方面考虑的,因此对泥石流的监测主要有泥位监测、雨量监测、视频监测、地声监测、土壤含水率监测等。

(一)泥位监测

泥石流泥位深度可以直观地反映泥石流是否暴发、规模大小以及其危害程度。

1. 监测装置

通常，泥位监测仪分为接触式和非接触式。

1）接触式泥位仪监测

接触式泥位仪监测方式是预先把各种传感器安装在泥石流沟谷中，通过对泥石流沟内位移、应力应变等的感应，感知泥石流的运动，从而判断泥石流的发生。

接触式监测方法常用的仪器有压力式泥位计、钢索监测器和冲击力传感器。冲击力传感器造价相对昂贵，一般都是结合观测研究使用。

2）非接触式泥位监测

非接触式泥位监测是指超声波（激光）泥位报警仪，利用超声波的回声测距原理，测得传感器处断面的泥石流流深（泥位深度），从而推断泥石流的规模（师哲等，2012）。

超声波（激光）泥位报警仪简单实用，可连续测量液体、物料、固体的物位，实现 24h 不间断监测与自动分级预警功能；但该装置耗电量大、成本较高（图 5-27）。

图 5-27 泥位计安装现场示意图（据吴汉辉，2015）

2. 监测点网布设

泥石流泥位监测断面选择和布设如下。

1）断面选择条件

（1）设置断面的测流段沟道顺直，无弯曲分叉，沟岸稳定保持断面不变，纵坡降均保持流速稳定，沟底无大的起伏坑穴，无冲刷或淹没威胁（师哲等，2012）。

（2）测流断面只能选择在流通区的中下游靠近沟口的一段。

（3）监测断面周围需布设安全设施，可确保工作人员的安全。

2）断面设置与设施（师哲等，2012）

除在测流段布设控制断面外，还需在其上游或下游至少布设一个辅助断面，断面间距控制在 50～160m 之间。

3）泥石流断面观测设施（师哲等，2012）

（1）控制断面设施：采用悬索或悬杆，配套有钢塔架、锚索固定及混凝土基座；并在附近设不受干扰破坏的测量基准点，由基准点确定控制断面高程。

（2）辅助断面设施。设置测定流速用投放浮标的过沟及其支架、锚锭等设施。

（3）断面桩或标志尺。在不被冲毁的可靠条件下，控制断面和辅助断面均设断面桩并加以保护（保护桩）；无条件时可设置断面标尺，以示泥位高低变化。

3. 监测频率

（1）无特殊情况每 15d 一次（比较稳定时可每月一次）。

(2)在汛期、雨季、预报期、防治工程施工期等情况下应加密监测,宜每天一次或数小时一次甚至连续跟踪监测(方华,2011)。

(二)雨量监测

雨量监测主要针对的是降雨型泥石流,降雨型泥石流暴发的主要动力条件为降雨,因此降雨量、降雨强度是该类型泥石流诱发的主要因素。泥石流雨量监测系统主要是通过对泥石流沟进行水源监测,在监测区域内布设一定数量的遥感雨量计或固定专人观测雨量,及时掌握雨季降水情况。通过远程网络(电话网或广域网),配合监控中心雨量监测报警系统,根据当地泥石流发生的临界雨量,在一次降雨总量或降雨强度达到一定指标时立即发出预警信号(师哲等,2012)。

1. 监测装置

遥测雨量计是在翻斗式自记雨量计的基础上改进的雨量测试仪器,是目前广泛使用的降水观测仪器。发生降雨时,仪器将降雨量自动转换成电流等模拟信号,通过无线信号或光纤等途径将信号实时传输给设在观测站的接收设备,通过系统对雨量数据进行储存、编辑和分析等,方便快捷,而且达到了实时监测的目的(师哲等,2012)。该方法可快速获取资料,且不需要专人监测,但该设备的无线电信号的传输易受地形和天气的影响,仪器工作状态不稳定。

2. 监测点网布设(师哲等,**2012**)

雨量站的布设必须具有代表性,这样才能为泥石流的发生与否提供准确的资料,因此雨量站布设时需遵循以下原则。

1)布设在泥石流流域范围内

降雨受地形条件影响较大,泥石流流域内外地形差异明显,当雨量站布设于流域外时,并不能反映出泥石流流域内的降雨情况,起不到对泥石流的监测预警作用。

2)布设在泥石流的形成区内

受地形影响,同一泥石流沟上、中、下段降雨差别通常很大,因此在泥石流沟的形成区内设置雨量站是十分必要的。而且,对于多源区泥石流,对于每个源区均应设置雨量站。

3)布设在重要集雨区

针对有大量固体松散物质的泥石流沟道,在一定的水动力条件下可驱动泥石流的发生,因此,需要对各监测断面进行水动力计算,根据泥石流启动所需要的最低水动力条件、汇水条件推算集雨区的雨量阈值。

(三)视频监测

视频监控系统,实现了从远距离监测泥石流,从直观上判断泥石流发生与否,以及暴发的规模,实时掌握灾害的发展图像。而且通过数字图像处理方法,可以实现数码摄像机视频数据中泥石流的自动识别,判断出灾害的危险程度,及时做出防范抢救工作。

视频监测点位的布设需要结合泥石流现场环境、实际类型、特征及其他相关因素综合考虑,选取相适应的摄像装置,以达到最有利视频监测效果(图 5-28、图 5-29)。

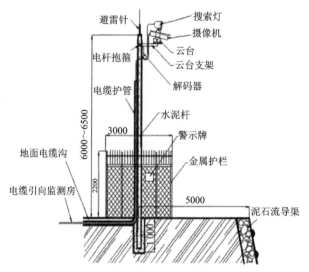

图 5-28　视频图像监测安装示意图(据曹波等,2013)

图 5-29　视频装置现场示意图(据吴汉辉,2015)

(四)地声监测

当有泥石流发生时,常伴有雷鸣般的响声,即泥石流地声。泥石流地声信号较为狭窄,其主要频率要比其他频率成分(环境噪声)至少高出 20dB,而泥石流来临时常伴随着低于 20dB 的次声(师哲等,2012),利用泥石流的地声、次声特点,可以对泥石流活动及时采取报警。

泥石流的次声监测系统主要布置在地质灾害频发的山区野外环境中,工作环境严苛,因此需要系统具有良好环境适应性和工作稳定性,同时,该系统还应该方便运输和安装,便于维护和更新(崔文杰,2017)(图 5-30、图 5-31)。

图 5-30　泥石流次声报警器(据吴汉辉,2015)　　图 5-31　泥石流次声报警器现场示意图(据吴汉辉,2015)

泥石流监测除上述监测外,还有地下水和土壤含水率的监测。通过土壤含水率的监测可获取不同深度的松散土体含水率,了解松散土体的饱和状态,并进一步判断土体的抗剪强度和稳定性。实时监测泥石流坡面松散土体和地下浅部岩土体含水状态,土壤含水率监测可以选用 JYW-100HSL 土壤含水率测试仪进行(朱德莉,2018)。

三、实例：乌东德水电站花山沟泥石流综合监测预警(于国强等,2016)

乌东德水电站的泥石流监测系统,通过降水、泥位、孔压、含水、振动等参数的实时监测,并可视化监控泥石流产生运动过程,形成以临界雨量分级预警和泥石流发生趋势预测模型分析为主,物源移动及全天候视频远程监控为辅,集自动警报、应急指挥于一体的水电工程泥石流灾害综合监测预警技术体系,实现泥石流灾害的全面监测、动态感知、综合分析和应急处置,保障工程建设和后续电站运行安全。

1. 工程概况

乌东德水电站位于云南省禄劝县和四川省会东县交界的金沙江下游河段,右岸隶属云南省昆明市禄劝县,左岸隶属四川省会东县,是金沙江下游河段 4 个水电站(乌东德、白鹤滩、溪洛渡、向家坝)中最上游的梯级。花山沟流域面积 4.02km^2,主沟长 3.95km,沟口冲沟流向约 245°,与金沙江近垂直。沟域分布高程 810～2500m,最大高差 1690m;高程 1450m 以下呈典型"V"形谷,谷坡坡度约 45°;1450～1700m 高程间地形呈缓坡状,坡度一般 10°～20°;1700m 高程以上呈倾向北西西的斜坡,坡度约 30°。冲沟沟床弯曲系数为 1.08,主沟沟床平均比降为 405‰。高程 1450m 以下,沟床平均比降为 398‰;高程 1450～1700m 之间沟床平均比降为 323‰;高程 1700m 以上,沟床平均比降增大至 460‰。

乌东德水电站左岸泄洪洞水垫塘,左岸地下厂房尾水洞、导流洞出口均布置于花山沟沟口一带,泥石流活动对建筑物施工及运行安全造成直接威胁。

2. 泥石流综合监测预警体系

根据花山沟泥石流沟灾害特征和野外施工条件,在花山沟泥石流沟布设雨量监测站2个、泥位监测站1个、孔隙水压力及含水量监测站2个、振动监测站1个,以及具有激光夜视功能的短距离、远距离摄像头和大功率预警预报器,以此监测泥石流产生的特征参数和泥石流形成运动过程,形成一个综合的全流域泥石流监测预警体系,有效地对花山沟泥石流灾害进行实时监测。

1)降雨量监测

通过现场实地考察,分别在花山沟泥石流沟上游泥石流清水区与形成区布设雨量监测站。雨量站实行全天候24h实时采集监测区雨量数据,系统每2min将采集的数据写入数据库(图5-32)。

图5-32 花山沟泥石流监测站点布置图

考虑到乌东德水电站坝址区域附近泥石流灾害均由短时间暴雨触发,因此将泥石流预警雨量指标确定为10min预警雨量指标和1h预警雨量指标,并将泥石流预警雨量阈值划分为3个等级:临界雨量、警戒雨量、紧急撤离雨量。当降雨量达到预警阈值时,系统自动以短信、APP信息推送等多种方式向相关区域作业人员报警。在本系统中将雨量作为主控性预警指标。

2)泥位监测

在花山沟泥石流沟中上游泥石流流通区布置非接触式雷达泥位计,用以监测泥石流来时泥位的高低,通过泥位的高低来判断泥石流发生的规模大小。当泥位达到预警阈值时,系统自动报警。在本系统中将泥位作为辅助性预警指标。

3)孔隙水压力和含水率监测

在花山沟流域中上游泥石流物源区布设孔隙水压力传感器和含水量传感器,自动采集土体孔隙水压力及含水量,并进行多种降雨工况下的泥石流起动试验,获取相应的孔压和含水率阈值。由于土体孔隙水压力和土体含水率属于较新型的监测手段,还较少运用于监测预警实践,因此在本系统中仅作为泥石流监测预警的参考。

4) 振动监测

在花山沟流域中游泥石流流通区建立振动监测站,采集振动加速度,并采用野外崩塌试验中的振动值作为预警阈值,由于振动监测预警也属于较为新型的监测方式,其阈值目前也还不能准确确定,故在本系统中也作为泥石流监测预警的参考值。

5) 可视化监测

为了更加直观了解花山沟泥石流发生的状况和灾害的危害程度,便于及时指挥调度避险与抢险工作,将激光夜视视频监测和大功率扩音警报器引入至泥石流监测中,对泥石流进行短距离和远距离的激光夜视视频监控。同时,结合灾害体运动、临灾特征等参数对泥石流的早期形成过程做出预判,并在泥石流形成或暴发的同时启动大功率扩音警报器,用于应急管理指挥调度,通知施工区人员撤离,从而避免人员伤亡及财产损失。

6) 联合预警机制

本泥石流监测预警系统中,建立了降雨量、泥位、孔压、含水、振动等监测预警指标,同时,通过短距离、远距离视频对花山沟沟域环境进行全时段监测,当降雨量、泥位等监测数据达到或超过预警阈值或者短临期泥石流预测模型预测泥石流发生可能性较大时,预警信息平台将启动预警机制,根据不同的预警级别,通过移动互联网终端系统分别向花山沟下方施工人员、监测人员以及应急指挥部人员发送报警信息(图 5-33)。

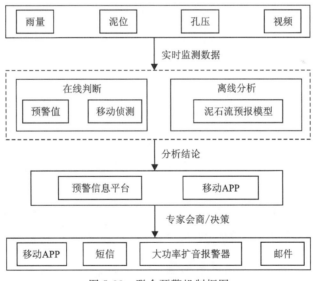

图 5-33 联合预警机制框图

3. 应用效果

本系统自正式运行以来,各监测设备运行良好,数据采集正常、应用功能完善,各技术指标满足工程建设应用需求。运行期间共发布过 19 次泥石流灾害预警,其中包括 7 次临界预警、8 次警戒预警和 4 次紧急撤离预警,有效地保障了乌东德水电工程的建设安全,取得了良好的经济效益、社会效益和环保效益。

第四节 岩溶塌陷监测

地面塌陷可分为岩溶地面塌陷和非岩溶地面塌陷。非岩溶塌陷一般指采空塌陷或黄土地区的黄土陷穴引起的塌陷,分布较为局限;岩溶塌陷主要分布在碳酸盐岩、钙质碎屑岩和盐岩等可溶性岩石地区。在本书主要介绍岩溶塌陷监测。

岩溶塌陷具有突发性、隐蔽性,事前往往没有明显的征兆,因此岩溶塌陷发生的地点和时间很难进行准确的预测。但是,通过详细的工程地质调查,可以了解当地的岩溶发育程度,从而评价岩溶塌陷发生的可能性大小,判别出岩溶塌陷的稳定性以及潜伏的岩溶洞穴。

一、监测目的

(1)监测塌陷区的形变或活动特征及相关要素。

(2)研究塌陷区的地质环境、类型、特征,分析其形成机制、活动方式和诱发其变形破坏或活动的主要因素与影响因素,评价其稳定性。

(3)研究塌陷区活动的规律及其发展趋势,为地质灾害防治工程勘查、设计、施工提供资料,检验防治工程效果。

(4)研究塌陷区活动判据,及时按有关规定预报灾害可能发生的时间、地点和强度(量级)。

总之,监测的目的就是通过对监测资料的分析与评定,从而判别、预测塌陷区的活动与发展趋势,及时采取有效的预防及治理措施,避免造成严重的经济与社会损失。

二、监测前所需收集的资料

激发塌陷活动因素除降雨、洪水、地震等自然因素外,往往还会受到人类工程活动的影响,因此在监测前除了需要收集基础地质资料外,还需要收集如下监测区内其他资料。

(1)自然条件和地质条件:水文气象、地形地貌、地层岩性、地质构造、地震和新构造运动、水文地质条件、岩溶地下水类型和岩溶水的补径排条件及其动态变化特征等。

(2)已有的塌陷资料:塌陷规模、类型、形成条件、发育过程及阶段、发育强度与频度等。

(3)监测区稳定性评价:岩土物理学参数、稳定性计算、试验成果和综合评价等。

(4)监测区和影响范围内的社会-经济现状与发展规划资料,包括人口、人类工程经济活动等。

(5)能满足监测点(网)布设的地形图、地质图(平面图和剖面图)和附近建设现状与规划图。

三、监测内容(蒋小珍等,2016)

岩溶塌陷监测主要包括岩溶塌陷动力条件因素监测、土体变形监测、变形破坏宏观前兆监测等(图5-34)。

(1)岩溶塌陷动力条件因素监测包括岩溶系统地下水气压力监测、降雨量监测、地震活动监测等。

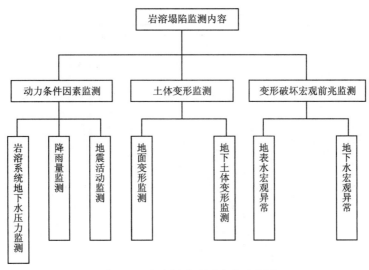

图 5-34 岩溶塌陷监测内容示意图

(2)岩溶塌陷土体变形监测分为地面变形监测和地下土体变形监测。

①地面变形监测指地面开裂、沉降、房屋变形等,可采用全站仪、静态 GPS、位移计、裂缝计监测。

②地下土体变形监测指地面以下隐伏土洞或土层扰动带向上发展过程的变形监测。监测方法包括地质雷达监测、时域反射同轴电缆土体变形监测、光纤分布式土体变形监测。

(3)岩溶塌陷变形破坏宏观前兆监测,主要包括地表水和地下水宏观异常。如监测区地表水、地下水水位突变(上升或下降、干枯)、混浊等现象。此部分主要由群测群防完成。

四、监测技术

(一)岩溶系统地下水气压力监测

1. 方法原理

岩溶水动力条件的变化是岩溶塌陷发生的主要诱发原因,水位(水、气压力)的变化,会导致土体的力学平衡受到破坏,造成局部或整体的土体散解、脱落或胀缩等。特别是封闭的黏性土土洞,当水位(水、气压力)下降到一定程度,会出现真空吸蚀作用(李海涛等,2015)。因此,通过监测岩溶裂隙或管道系统中地下水气压力变化可以对岩溶塌陷进行监测预报(图 5-35)。

2. 仪器设备(蒋小珍等,2016)

监测设备主要包括孔隙水压力传感器与数据自动采集系统,或带存储的渗压计,其技术参数应满足表 5-13 中的要求。

3. 监测点布设(蒋小珍等,2016)

监测孔根据实际的具体情况而定,可选择已有的机井或钻探成孔。

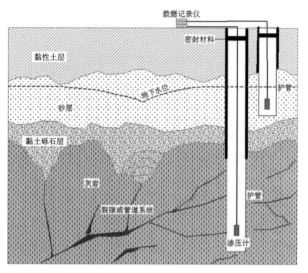

图 5-35 岩溶塌陷地下水气压力监测示意图(据蒋小珍等,2016)

表 5-13 设备技术要求

数据自动采集系统	孔隙水压力传感器	渗压计
振弦测量精度:0.02‰,F.S.R	分辨率:0.25%,F.S	采样频率:0.5s~99h
振弦测量分辨率:1:20000	精度:±0.5%,F.S	电池寿命:10min 连续采集数据
温度测量精度:2%,F.S.R	工作温度:-20~65℃	能维持 3 个月以上
温度测量范围:-40~+150℃	温度零漂:<0.02%,F.S	温度范围:-20~80℃
工作温度:-40~60℃		温度精度:±0.05℃
		精度:±0.05%,全量程
		分辨率:0.001%,F.S

1)监测点的布设原则

(1)岩溶地下水气压力监测点(井)位应在塌陷发育区的边界及中心地段布置。

(2)每个区监测点不少于 2 个。

(3)监测点的位置根据地下水径流方向布设。

(4)监测点(井)的深度应根据影响监测区地下水位波动的工程活动确定。

2)监测点成孔深度要求

(1)水源地:监测孔深度大于地下水的开采含水层。

(2)矿山疏干排水,监测孔深度是进入疏干排水地层以下 20~50m。

(3)工程施工,监测孔深度大于工程施工层位以下 10m。

4. 施工流程(蒋小珍等,2016)

监测孔的施工主要包括钻探、编录、成孔、安装 PVC 护管。其中也包括了必要的测试和传感器的安装及调试(图 5-36)。

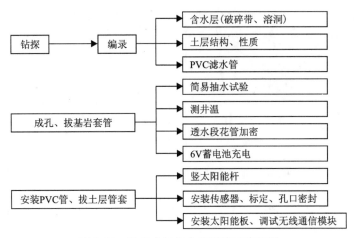

图 5-36　岩溶水气压力监测施工流程图

5. 优缺点

此监测手段虽然可以预测监测点所处的岩溶管道裂隙影响范围内土体发生变形破坏的危险性，但却不能判断塌陷所发生的具体位置、尺度、时间等。而且若监测区域内土体上荷载变化不均匀，会使得土层中压力和孔隙水压力变化不均匀、不规律，从而影响监测效果（周佺，2017）。

（二）雨量监测

1. 方法原理

水动力条件的改变是产生塌陷的主要触发因素，而降雨是影响水动力条件发生急剧变化的主要因素之一，通过监测地下水径流集中和强烈的地带，可以监测并及时预防塌陷的发生。

2. 仪器设备

雨量观测仪器由雨量筒、数据记录仪、数据无线传输、数据处理等部分组成。可根据需要选取部分单元。

雨量筒可采用传统翻斗测量，精度应≤0.2mm。数据记录仪为事件记录器，自动存储事件发生时间。

（三）地质雷达隐伏土体变形监测

1. 方法原理

雷达发射端所发射出的电磁波在通过不同的介质时，其发射波形状是不同的，雷达接收端接收这些不同形状的反射波，在雷达图上有明显的差别，根据这些不同形状的反射波就可以了解到地下的土层情况（图 5-37）。当有土层扰动或溶洞（土洞）时，解析的雷达图上可以发现与周围介质的图像有明显的差异（李海涛等，2015）。通过地质雷达可以监测土层扰动或溶洞的发育变化过程。

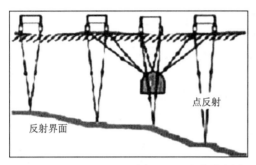 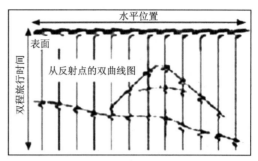

图 5-37　地质雷达原理示意图(据蒋家龙等,2008)

简而言之,地质雷达可以定期(半年 1 次)、定线路的探测扫描对比,推断地下土体的变化,圈定异常区,预测岩溶塌陷。

2. 应用条件(蒋小珍等,2016)

(1)探测目的体应在地下水位以上,湿度越小效果越好。

(2)探测目的体与周边介质之间应存在明显介电常数差异,电性稳定,电磁波反射信号明显。

(3)探测目的体与埋深相比应具有一定规模,埋深不宜过深。

(4)探测目的体在探测天线偶极子轴线方向上的厚度应大于所用电磁波在周边介质中有效波长的 1/4,在探测天线偶极子排列方向的长度应大于所用电磁波在周边介质中第一菲涅尔带直径的 1/4。

(5)当要区分 2 个相邻的水平探测目的体时,其最小水平距离应大于第一菲涅尔带直径。

(6)测线上天线经过的表面应相对平缓,无障得,且天线易于移动。

(7)不能探测极高电导屏蔽层下的目的体或目的层。

(8)测区内不应有大范围的金属构件或无线电发射频源等较强的电磁波干扰。

3. 监测线布设(蒋小珍等,2016)

1m 间距的扫描线遇土洞(直径 1m)的概率为 100%,而间距 2m 的扫描线遇土洞(直径 1m)的概率为 50%。因此,根据实际需要确定扫描间距,可采用间距 0.5~3m 的平行线。

4. 监测频率

地质雷达监测的监测周期视雨季前后需要而定。

5. 优缺点

地质雷达探测法可以直接圈定异常区,实现对塌陷(土洞)的监测预警,但该方法对周围的环境要求比较高,探测的深度也有限,其探测线路在一定范围内不能有干扰体,特别是高磁物体对地质雷达探测效果影响很大,而且受雷达频谱的限制,对于 15m 以下土洞探测有一定的缺陷(赵德君,2009)。

(四)光纤传感技术土体变形监测(蒋小珍等,2016)

光纤传感技术是一种不同于传统监测方法的全新应变监测技术,包括布里渊光时域反射(BOTDR)和光时域反射(OTDR)。

1. 方法原理

光纤传感监测技术是以光缆为传感器同时也作为信息传输通道,基于布里渊散射现象,根据散射波频率仅受温度与轴向力影响的特点,进行温度补偿后实现分布式感测。当土体发生变形、破坏时会引起埋设在其中的相应位置的光纤发生应变甚至断点,通过测量光纤不同位置的应变量或测定断点位置,就可以计算出相应岩土体的变形量及破坏位置、规模,达到对岩土体变形破坏连续监测目的。

2. 仪器设备

采用光纤应变分析仪进行光纤传感监测,监测设备性能指标见表5-14。

表5-14 光纤监测设备性能指标

项目	性能指标				
测量距离/km	1,2,5,10,20,40,80				
脉冲宽度/ns	10	20	50	100	200
空间分辨率/m	1	2	5	11	22
空间采样距离/m	1.00	0.50	0.20	0.10	0.05
应变测量精度	±0.0004%		±0.003%		
频率采样范围/GHz	9.9~11.9				
频率采样间隔/MHz	1,2,5,10,20,50				
空间定位精度/m	$\pm[2.0\times10^{-5}\times$测量范围$+0.2m+2\times$距离采样间隔$(m)]$				
应变测量范围	-1.5%~1.5%				
重复性	<0.04%		<0.02%		

3. 监测线布设

光缆布设与安装有2种方式:基于钻孔垂直光缆安装、水平分布式光缆安装。光缆在平面上按照S形布设,间距3m,两头留足够的接头线。钻孔垂直安装则采用回路设计,同理都要留足够的引线。

4. 监测频率

监测周期应1~3个月监测1次。

5. 优缺点

光纤传感技术可以及时监测到不同位置岩土体的位移，实时监测岩土体的变形过程，但其造价比较昂贵，对铺设和保护的要求也比较高。

(五)时域反射(TDR)同轴电缆土体变形监测

1. 方法原理(蒋小珍等,2016)

TDR 是一种远程电子测量技术。监测岩溶塌陷的原理主要是断点测量，当同轴电缆产生局部剪切、拉伸变形时，会引起同轴电缆局部特性阻抗的改变，电磁波将在这些区域发生反射和透射，并反映于反射信号之中，根据反射信号的返回时间及反射系数大小便可确定同轴电缆变形的位置以及变形量的大小(图 5-38)。

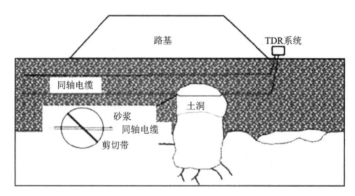

图 5-38　TDR 系统原理示意图(据覃秀玲,2010)

2. 仪器设备

时域反射仪(TDR)。

3. 监测线布设(蒋小珍等,2016)

同轴电缆在平面上按照 S 形布设，间距 2m，两头留足够的接头线。

4. 监测频率

监测周期应 1～3 个月监测 1 次。

5. 优缺点(李海涛等,2015)

TDR 的分布式特点特别适用于岩溶塌陷这种位置不确定的岩土体变形破坏监测，该技术可遥测，数据提供便捷，价格低廉，而且技术也较为成熟。其主要缺点为倾斜监测，只有在受到剪切力、张力或是两者的综合作用而变形的情况下，TDR 电缆才会产生特征信号，位移量不确定，TDR 监测无法获得突变点位移量大小，只适用于线性工程或是已经发现溶洞和土洞地区。

(六)地震活动监测(蒋小珍等,2016)

(1)方法原理。岩溶塌陷形成演化过程中常发生地震现象,根据塌陷引发的微震现象,通过流动地震数字观测台实时监测,并准确解译出震中位置、震源深度等,获取地震与塌陷的关系。如工程活动、基岩塌陷引发且震级小于3的地震活动。

(2)仪器设备:采用流动地震台进行监测,监测设备包括地震传感器、数据采集器两部分。

(3)监测点布设:4个地震计组成流动地震数字观测台阵。在东西南北4个方向各布设1个地震流动台。

(4)监测频率:每秒记录一次。

五、实例:钟祥市某岩溶地面塌陷治理区监测(廖祥东等,2018)

1. 治理区地面塌陷监测情况

1)治理区概况

该岩溶地面塌陷治理区位于钟祥市境内,治理区内地形呈波状起伏状,地势总体上呈北西高南东低。区内分布地层主要为(由老至新)震旦系、古近系—白垩系、新近系和第四系,其中上震旦统灯影组白云岩厚度>200m,为可溶的碳酸盐岩,为地表和地下的岩溶地貌和岩溶管道、洞穴的形成奠定了物质基础。区内地下水类型以松散层孔隙水、碳酸盐岩类岩溶水为主,地下水的补给主要为大气降雨通过地下岩溶管道、断裂破碎带渗入地下进行补给;地下水的排泄主要靠相邻矿区抽水,矿坑大量抽取地下水,导致地下水水位下降,少量靠重力作用,沿水力坡度自北西向南东排入汉江。

在采矿活动中,大量抽排地下水,加速了该地区的岩溶塌陷发育,直接引起区内地面塌陷。塌陷变形区邻近居民点,塌陷坑距离最近的居民房屋仅40m,已造成南泉水库泵站废弃、鱼池荒废,部分村民房屋开裂,严重影响了当地村民的生活质量和生命财产安全;同时地面塌陷沿铁路两侧分布,塌陷从1998年开始,2004年以后变形加剧扩展。由于塌陷区邻近铁路,一旦路基产生地面塌陷,必将使部分交通中断,给国家造成重大经济损失。

该区治理工程主要包括联络线工程(园区道路)、水渠改造工程、集蓄水池功能、搬迁避让工程以及监测工程。

2)治理区监测网布设

监测主要是为了配合治理工程而进行,通过建立治理区内岩溶塌陷区地表变形监测网络(王延平,2016)、地下水动态监测网络,掌握岩溶地面塌陷区地面变形特征,查明区内地下水(岩溶水)的水力联系及水动力特征,据此分析评价治理的效果,预测地面塌陷发生的可能性,保障人民生命财产安全。

(1)监测内容。根据岩溶塌陷区的影响因素和变形特征,结合相关规程规范和同类项目的实施经验,确定该区的监测内容为宏观地质巡查监测、地表变形监测、地下水动态监测。

宏观地质巡查监测内容为地面变形特征和建筑变形情况等,采用常规地质调查方法。

地表变形监测内容为地表高程变化情况和水平位移变化情况,目的是了解区内地表变形特征,评价治理效果。

地下水动态监测内容为地下水位、水质、流速、流向等,目的是查明区内岩溶水的动态变化特征,进而分析与岩溶地面塌陷的关系等。

(2)监测点布设及技术指标。地表变形监测包括二等水准测量监测(地面沉降变形监测)和 GPS 监测(地表位移变形监测)。地表变形监测网覆盖治理区,共布设 10 个 GPS 监测点和 45 个变形监测点。地面变形监测采用人工监测,仪器采用水准仪、全站仪、双频静态 GPS。位移监测(GPS 监测)坐标系统采用国家 84 基准,观测采用静态;沉降监测采用二等水准监测。地表变形监测一般每月监测一次,当遇到异常情况时,应立即观测一次,而后每隔 5d 观测一次,必要时每天观测一次或两次。

地下水动态监测包括地下水水位监测和地下水流向监测。共布设 3 个岩溶水监测孔,孔深均在 200m 左右,利用本次布设的监测孔对治理区碳酸盐岩类岩溶裂隙水进行监测。地下水水位观测一般采用测钟(测绳)对地下水位进行监测,监测周期一般为一个月一次,雨季时加密观测,5d 一观。地下水流向用三点法测定。利用组成三角形的邻近钻孔内测得的水位,以其水位高程编制等水位线图,垂直等水位线并向水位降低的方向即为地下水流向。

根据监测工程设计要求,并结合相关工程实践经验,对该监测工程项目提出以下警戒值:

(1)位移监测点连续两次监测(正常期 30d、加密期 10d)累计位移量达到 50mm,或每天发展大于 3mm。

(2)沉降监测点连续两次监测(正常期 30d、加密期 10d)累计沉降量达到 50mm。

(3)地下水水位观测连续 3 个观测期(正常期 90d、雨季 15d)水位连续下降或上升单次均大于 2m,或者一次变幅大于 5m。

监测项目达到或超过警戒值,应向钟祥市国土主管部门和当地人民政府及时通报。

2. 监测成果评价

1)宏观巡查监测

2017 年度监测过程中,针对治理区组织进行多次宏观地质巡查监测,地质巡视安排专人具体负责实施,与地表变形监测同步进行。治理区累计发现 7 处塌陷坑,塌陷坑主要位于治理区北侧和南部(原南泉水库周围)(图 5-39、图 5-40)。

图 5-39　治理区北侧塌陷坑　　　　　图 5-40　治理区南部塌陷坑

2)地表变形监测

治理区地表变形监测包括位移变形监测和沉降变形监测。

根据2017年度治理区内各位移监测点的监测情况分析得到(图5-41):2017年度监测期内各位移监测点的累计位移量在18.03～32.39mm范围内,连续两次监测累计位移量均未超过预警值(50.00mm);2017年度各位移监测点的累计位移变化速率在0.049～0.089mm/d之间,位移变化速率均未超过预警值(3.00mm/d)。区内位移监测点中位移量变化最大值为41.68m(G监04,2017-12-29),本年度位移变化平均值为28.13mm。

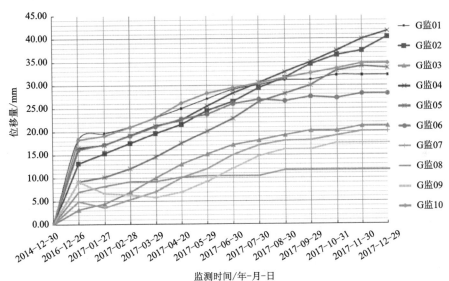

图5-41 治理区位移监测变化曲线图

从位移-时间曲线图中可以看出:2017年1—7月份区内大部分位移监测点累计位移量出现持续变化,变幅较小;8—12月份出现收敛,趋于平稳;G监02、G监04位移监测点呈现加剧变形。总体来看,连续两次监测累计位移量均小于50mm,相对位移变化速率变化较小,处于正常范围内。

根据2017年度治理区内各沉降监测点的监测情况分析得到(图5-42):2017年度监测期内各沉降监测点的累计沉降量在0.10～23.80mm之间,连续两次监测累计沉降量均未超过预警值(50.00mm)。区内沉降监测点中沉降量变化最大值为33.5mm(变监41,2017-12-24),本年度沉降速率最大值为0.065mm/d(变监24),本年度平均沉降量为4.36mm,累计沉降变化平均值为10.94mm。

从沉降-时间曲线图中可以看出:2017年度大部分沉降监测点累计沉降量在1—12月份出现平缓变形,呈现收敛,趋于稳定;少部分沉降监测点累计沉降量在1—12月份出现持续变化,呈现加速变化趋势。总体来看,各沉降监测点连续两次监测累计沉降均未达到50mm,处于正常范围内。

3. 地下水动态监测

(1)地下水监测成果。治理区地下水动态监测包括地下水水位监测及地下水流向监测。2017年度治理区地下水变化曲线见图5-43。

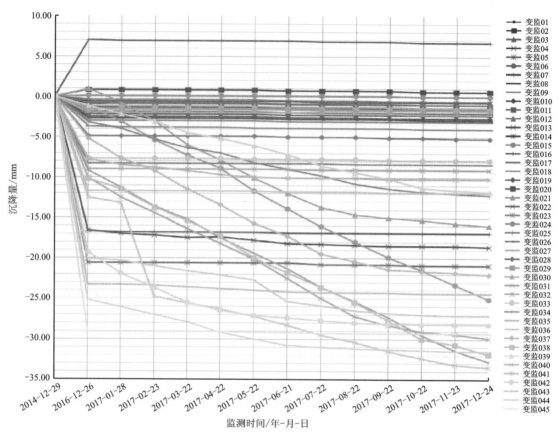

图 5-42 治理区沉降监测变化曲线图

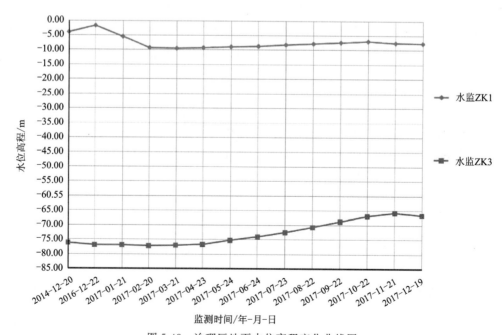

图 5-43 治理区地下水位高程变化曲线图

以水监 ZK3 举例说明,其位于治理区南向、铁路东侧,水监 ZK3 水位高程在本年度 1—2 月份出现平缓下降,3—11 月份出现持续上升,12 月份出现下降。本年度水监 ZK3 水位高程最低为 $-77.26\mathrm{m}$(2017-02-20),水位高程最高为 $-65.75\mathrm{m}$(2017-11-21);地下水位累计上升 9.60m,本年度水位累计上升 10.35m,其中 2017 年 4—11 月份 7 个观测期内水位单次涨幅均在 1.5m 左右,水位观测连续 3 个观测期水位单次变幅未超过 2m,一次变幅未超过 5m,无异常情况。

(2)治理区内地下水变化特征。根据治理区内地下水监测数据分析地下水变化情况(表 5-15,图 5-44),分析得到:2017 年度各岩溶监测孔水位大部分表现为 1—3 月份出现持续下降,4—10 月份出现平缓上升,11—12 月份出现下降。本年度区内水监 ZK1、水监 ZK2、水监 ZK3 地下水水位变化差异较大,水监 ZK1、ZK3 地下水水位较大幅度变化,水监 ZK1 本年度累计降幅 6.04m,水监 ZK3 本年度累计涨幅 10.35m;水监 ZK2 本年度监测均为干孔状态。

表 5-15 监测孔水位概况表

监测孔孔号	监测孔深度/m	稳定地下水位(2017-12-19)				备注
		水位埋深/m	水位高程/m	累计变幅/m	本年度变幅/m	
水监 ZK1	202.00	-84.00	-7.80	-3.77	-6.04	岩溶水
水监 ZK2	200.20	干孔	/	≥-11.63	/	岩溶水
水监 ZK3	201.20	-136.80	-66.63	9.60	10.35	岩溶水

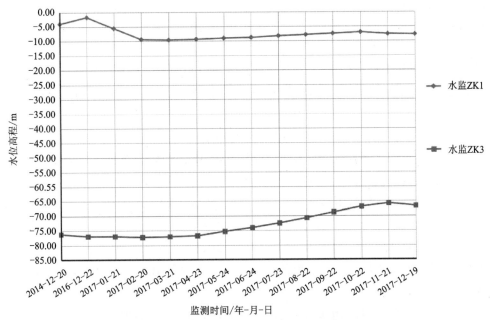

图 5-44 治理区地下水位高程变化曲线图

地下水变化异常是区内岩溶地面塌陷的动力因素,起到推动促进作用。本区塌陷坑多发生在无雨的时期,地下水位的下降是导致塌陷发生的主要诱因;相邻磷矿的开采活动,促使地下水位骤变(骤降或骤升),导致部分导水通道与第四系含水层的水力平衡被打破,故此加速了该区域的岩溶地面塌陷的形成。

4. 地面变形趋势预测

根据宏观巡查监测情况分析:治理区没有发生大规模变形或大面积新的地表塌陷;部分地段出现小规模塌陷坑或小范围变形,大部分时段巡查期间,区内治理工程、地表构建物无异常变形情况出现。

根据地表变形监测分析:自 2017 年 1 月—2017 年 12 月,地面位移和沉降无论从变化量还是变化速率方面来说,均呈现平缓变化,趋于收敛。各监测点连续两次监测累计变形量均小于 50mm,相对变化速率变化较小,处于正常范围内。

5. 治理效果评价

根据治理区地表变形监测数据分析(表 5-16),在 2017 年 1—12 月期间,地面位移和沉降无论从变化量还是变化速率方面来说,均呈现平缓变化,趋于收敛。

表 5-16 治理区地表变形监测概况

治理分区名称	地表变形监测项目	年度变形量/mm	年度变形平均值/mm	年度变形速率/(mm·d^{-1})	累计变形量/mm	监测期最后 10d 沉降量	变形趋势
某治理区	位移监测	18.03~32.39	23.264	0.049~0.089	11.70~41.68	0.00~5.50	平稳
	沉降监测	0.01~23.80	4.36	0.000~0.065	0.00~33.50		

可见治理区经过工程治理后,一定程度消除或减轻了区域岩溶塌陷地质灾害隐患对周边居民的不利影响,地表变形趋于平缓,场地稳定性得到较大改善,治理效果初显成效。

主要参考文献

崔文杰.基于次声的泥石流监测系统设计与分析[D].青岛:山东科技大学,2017.

方华.泥石流监测预警技术研究[J].人民黄河,2011,33(10):63-65,68.

国土资源部地质环境司,中国地质环境监测院.地质环境监测技术方法及其应用[M].北京:地质出版社,2014.

蒋小珍,雷明堂,郑小站,等.岩溶塌陷灾害监测技术[M].北京:地质出版社,2016.

李海涛,陈邦松,杨雪,等.岩溶塌陷监测内容及方法概述[J].工程地质学报,2015,23(1):126-134.

李奎,秦岩宾,李春,等.滑坡监测监测网布设方案[J].地理空间信息,2009,7(5):133-135.

廖祥东,杨连旗,黄锐,等.钟祥市某治理区岩溶地面塌陷监测与评价分析[J].资源环境与工程,2018,32(A1):48-54.

刘传正.重大地质灾害防治理论与实践[J].中国地质灾害与防治学报,2012(4):126.

马传明,周建伟.中国地质大学(武汉)秭归基地实践教学教程——水文与环境分册[M].武汉:中国地质大学出版社,2014.

师哲,舒安平,张平仓.泥石流监测预警技术[M].武汉:长江出版社,2012.

王洪德,高幼龙,等.地质灾害监测预警关键技术方法研究与示范[M].北京:中国大地出版社,2008.

王尚庆.三峡库区崩塌滑坡监测预警与工程实践[M].北京:科学出版社,2011.

王延平.崩塌灾害变形破坏机理与监测预警研究[D].成都:成都理工大学,2016.

吴林强,丁长青,伍中华,等.乌东德水电站花山沟泥石流综合监测预警技术应用研究[J].水电与新能源,2019,33(5):56-59.

于国强,张茂省,黎志恒.舟曲地质灾害形成机理与预警判据研究[M].北京:科技出版社,2016.

易武,孟召平,易庆林.三峡库区滑坡预测预报模型与方法[M].北京:科学出版社,2011.

赵德君.武汉市地面塌陷灾害调查与监测预警[R].武汉:湖北省地质环境总站,2009.

中华人民共和国国土资源部.DZ/T 0221—2006 崩塌、滑坡、泥石流监测规范[S].北京:中国标准出版社,2006.

周佺.浅谈岩溶塌陷[J].科学咨询,2017(32):45.

朱德莉.北京门头沟区泥石流灾害特征及监测预警研究[D].北京:中国地质大学(北京),2018.

第六章　渐进性地质环境问题监测

第一节　地面沉降监测

一、监测目的

地面沉降监测的目的是通过对分层土体变形、地下水动态、地表及地下建筑设施破坏情况等的监测、调查，及时地为有关部门提供准确（或满足要求）的监测资料，预测预报地面沉降的发展趋势（国土资源部地质环境司等，2014），为地面沉降防治提供科学依据，为城市安全和经济社会可持续发展提供基础支撑（中华人民共和国国土资源部，2015）。

二、监测前所需收集的资料

1. 基础资料

主要收集城市1∶1万或1∶5万比例尺交通图和地形图，沉降区水文地质工程地质勘查资料、水资源管理方面的资料、市政现状及远景规划资料、沉降区内国家水准网点资料、城市测量网点资料，井、泉点的历史纪录及历史水准点资料，研究沉降区水文地质工程地质条件，历年水资源开采情况，已有的监测情况，地面沉降类型及沉降程度，分析地面沉降的原因、沉降机制，估算地面沉降的速率，划分出沉降范围及沉降中心，编制地面沉降现状图（国土资源部地质环境司等，2014）。

2. 地面沉降调查资料

主要收集地面沉降调查报告，报告中的主要调查内容包括地质背景调查、灾害现象调查、人类工程活动调查、地质灾害防治情况调查以及相关图表（例如以地面沉降为特征的工程地质分区图等）（中华人民共和国国土资源部，2006）。

三、监测内容（国土资源部地质环境司等，2014）

监测的工作内容包括采用遥感解译、野外调查、地球物理勘探、钻探、分析测试等方法，系统调查地面沉降及伴生地裂缝的地质背景、灾害现象、人类工程活动及灾害防治情况等；通过精密水准、GPS、InSAR、土体分层沉降标组等技术手段，监测地面沉降及地下水动态变化；依据地面沉降调查和监测成果，对地面沉降发育、发展、危害程度及经济损失情况进行评价；通过综合分析调查和监测成果，编制地面沉降调查、监测工作的成果报告，建立数据库，并汇交归档。

四、监测技术与方法

(一)监测方法(国土资源部地质环境司等,2014)

对于初次开展地面沉降监测的区域,首先应该获取工作区干涉雷达数据,对干涉雷达数据进行处理和分析,建立应用干涉雷达测量技术调查与监测地面沉降的技术流程与工作方法,查明工作区内主要地面沉降区域分布状况,并查明地面沉降成因,在此基础上有针对性地部署监测网络。

根据地面沉降的分布状况,在沉降中心地区,选择沉降量较大的区域,按照土地使用状况建立分层标和基岩标等监测设施,进行重点点位的地面沉降监测;区域上高精度的地面沉降监测主要通过建立精密水准网和GPS网来进行监测,建立精密水准网的地区通过每年1次的精密水准测量,得出区域内比较精确的地面沉降量。为了分析研究地面沉降的成因和机理,在分层标和基岩标所在位置,以及有水准点和GPS监测点覆盖的位置可以建立地下水动态监测点来进行水位监测,通过分析水位变化状况及地面沉降量大小以及与时间的关系,研究区域内地面沉降的主要层位和沉降机理。

与地面沉降伴生的地裂缝会在地表产生开裂,造成灾害,因此也需要监测。开展地裂缝监测是掌握地裂缝发展变化规律与制定防治对策的一种手段。监测的目的和任务是:

(1)查明地裂缝的出露范围、组合特征、成因类型及动态变化。
(2)对多因素产生的地裂缝应判明控制性因素及诱发因素。
(3)评价地裂缝对人类及工程建设的危害,并提出防治措施。

(二)监测技术要求

目前地面沉降监测方法包括精密几何水准测量、基岩标和分层标测量、GPS测量、InSAR测量、LIDAR测量、地下水动态测量等综合监测手段。监测项目包括地面沉降测量、土体分层沉降监测、地下水位监测、采灌水水量监测等(工程地质手册编委会,2018)。地面沉降的监测技术要求见表6-1。

表6-1 地面沉降监测技术要求表

监测项目	技术要求
地面沉降测量	精密水准测量、GPS测量技术要求应符合现行国家标准《国家一、二等水准测量规范》(GB/T 12897)、《全球定位系统(GPS)测量规范》(GB/T 18314)、《地面沉降水准测量规范》(DZ/T 0154)等标准的规定
土体分层沉降监测	须以人工测量校准,验证稳定后方可投入使用
地下水位监测	1.应根据地下水位监测频率要求,设置自动化监测的水位监测频率; 2.应依据使用说明书,正确安装自动化监测仪; 3.人工监测前应校正测量所需的电表和测绳; 4.应确保测绳与电表线路畅通,使用正常; 5.必须以监测井固定测点高程为地下水位测量的起算高程; 6.应在电表指针发生偏转,稳定在最大与最小值之间时,读取测绳深度; 7.测量时,应连续测量3次,取其平均值作为本次测量成果数据

续表 6-1

监测项目	技术要求
水量监测	1. 测量前,应确定流量表的起始读数； 2. 应取流量表的现状读数与起始读数之差为实际水量

注：引自《工程地质手册》表 6-6-5。

（三）监测网的布设（工程地质手册编委会，2018）

地面沉降监测及其方法的选择应根据监测区域地质环境特点、地面沉降历史和现状等确定；地面沉降监测网的布设、监测点密度和观测频率等还应考虑到监测区域的范围大小、开发程度、环境条件和特定目的等因素综合确定。

对地面沉降监测网布设的基本要求如下：

(1) 监测水准网应采用国家一、二等水准网。

(2) 地面沉降监测网的基准点应为基岩标、建于基岩之上的 GPS 固定站、周边 IGS 站。

(3) GPS 监测网宜采用固定站、一级网、二级网（固定站相当于《全球定位系统（GPS）测量规范》(GB/T 18314—2009)的 A 级，一级网相当于 B 级，二级网相当于 C 级）。

(4) 普通水准点建设应符合相关技术标准的规定。

(5) 基岩标的保护管需采用壁厚不小于 7mm 的优于 DZ40 的地质无缝钢管，标杆材质需优于 DZ40 壁厚不小于 5mm 的地质无缝钢管；分层标的保护管和标杆需采用壁厚不小于 5mm 的 DZ40 地质无缝钢管；基岩标和分层标的滚轮扶正器间距可下密上疏，上部宜为 6～9m，最大间距不得超过 10m；管内填充物可采用清洁水，上部 2～3m 为防锈油。基岩标和分层标的结构要求见表 6-2。

表 6-2 基岩标与分层标结构要求表

部件名称	埋标深度	基岩标	分层标
保护管	≥150m 时	外径≥φ68mm	外径为 φ146mm 或 φ168mm
	<150m 时	外径≥φ127mm	外径为 φ127mm 或 φ108mm
	底部	安装厚度为 20～25mm 的环状托盘，托盘与钻孔壁间隙不应大于 100mm	
标杆	≥150m 时	选用 φ89mm～φ73mm～φ42mm、长度配比按"九五分割原理"确定的"多宝塔形"结构	选用长度配比按"九五分割原理"确定的"三宝塔"结构
	<150m 且 ≥50m 时	选用 φ73mm～φ42mm、长度配比按"九五分割原理"确定的"二级宝塔形"结构	选用长度配比按"九五分割原理"确定的"双宝塔"结构

续表 6-2

部件名称	埋标深度	基岩标	分层标
标杆	<50m 时	选用 φ42mm、一径到底结构	选用一径到底结构
标杆	底部	安装厚度为 15～20mm 外径小于基岩钻孔直径 10mm 的环状托盘	与位于滑筒中心的滑杆顶部对接接头相连接，使标杆与标底连为一体
标底形式		用强度等级为 42.5、水灰比为 0.5 的水泥浆液将标杆与新鲜基岩固定在一起	由底部插钎、钢质环状托盘、滑杆、对接接头组成，相互连为一体

（6）地下水位动态监测网布设地区以覆盖整个区域潜水和承压含水层分布地区为原则，布设密度以掌握地下水流场动态变化规律为原则。

五、实例：华北平原地面沉降监测（国土资源部地质环境司等，2014）

由于地下水长期超量开采，华北平原已成为世界上超采地下水最严重的地区之一，也是地下水降落漏斗面积最大、地面沉降面积最大、类型最复杂的地区，其中，又以京津冀鲁地区表现最为突出。大面积的地面沉降给当地人民生命财产安全造成了严重威胁，成为制约当地经济可持续发展的重要因素之一。

地面沉降直接导致华北平原滨海低平原地区地面高程资源损失，造成铁路路基下沉、风暴潮灾害加重。由于地面沉降影响泄洪，致使地面长期积水、厂房被淹，经济损失严重；地面的不均匀沉降，导致建筑物受损，大规模市政基础设施被破坏；由于地面沉降，引发了多处地面坍塌和地裂缝地质灾害，直接威胁人民生命财产的安危；由于地面沉降，使区域内经济愈发展，灾害损失愈大，严重制约了社会经济的可持续发展。

为了有效地监测华北平原地面沉降，中国地质环境监测院自 2003 年开始组织实施"华北平原地面沉降调查与监测"项目，通过该项目的实施，查明了华北平原主要地面沉降区的分布范围、形成机理、沉降幅度和沉降速率；建成了以精密水准测量、基岩标、分层标、GPS 监测、InSAR 监测和地下水监测等为主体的三维地面沉降监测网络（国土资源部地质环境司等，2014）。

（一）研究区概况

华北平原是一个大型的沉积盆地，地形平坦，总体地势自西北向东南缓缓倾斜，地面标高由山前 100m 逐渐下降到滨海 2～3m，地面坡降由山前 2‰～1‰ 逐渐过渡到中部平原的 1.0‰～0.5‰，至滨海 0.3‰～0.1‰。按成因类型、形态特征及水文地质条件可划分为山前冲积洪积倾斜平原、中部冲积湖积平原、滨海冲积海积平原。

华北平原是第四系堆积物厚度较大，成因类型复杂的地区。华北平原区第四系厚度一般为 350～550m，由多层交叠的砂、砾石、黏土、亚黏土、亚砂土层组成。第四系粒度自上而下由细→粗→较细，构成了一个较完整的沉积旋回。反映了第四纪以来，地表径流由弱→强→较弱的变化过程。在山前平原地区,因受新构造运动影响显著,升降幅度较大,常形成明显的多阶不完整沉积旋回。

华北平原地面沉降地质环境结构受地形地貌、岩相古地理环境以及新构造运动所控制,而且在地理分布上具有明显的分带性。根据各结构分区的物质来源、组成成分、成因类型及水交地质特征等,结合地形地貌和岩相古地理环境的分带性,相应的把华北平原划分为3个地面沉降地质环境结构区:山前平原、中部平原和滨海平原(国土资源部地质环境司等,2014)。

(二)监测方案

为使地面沉降危害程度降到最低,开展地面沉降调查监测,查明主要地面沉降区的分布范围、形成机理、沉降幅度和沉降速率;通过 GPS 监测网和高精度水准点网获取水准点测量资料;通过地下水动态观测网获取地下水水位分层观测资料;通过地面沉降分层监测获取各土层的变形数据;通过资料收集获取地面沉降研究所需要的其他参数值。以获取的各种数据为基础建立基岩构造模型、松散沉积结构模型、地下水系统结构模型、地面沉降模型,从而建成华北平原地面沉降监测预警预报系统,为制定地面沉降防治规划提供必要的前提和基础,为华北平原地区内各省市的建设规划提供基础资料和科学依据,为华北平原地区各城市和人民生命财产安全提供地面沉降预警预报信息(国土资源部地质环境司等,2014)。

(三)监测实施和结果

华北平原地面沉降调查与监测项目于 2003 年启动,至 2008 年 12 月项目共计完成了 1∶5 万重点区域地面沉降调查 13 903km²,1∶10 万区域地面沉降调查 5 100km²,1∶25 万区域地面沉降调查 68 341km²;地下水开采量调查 10 341km²;水准测量 5 553.8km;分层标测量 1290 组·次;钻探总进尺 4 235m;地球物理综合勘探 150km;建立了基岩标 5 座、分层标组 7 座、GPS 基准站 5 座、GPS 观测墩 152 座,补充埋设水准标石 36 座;完成了华北平原沧州、天津和德州等重点沉降区地面沉降 InSAR 技术示范监测;完成了沧州、饶阳和保定等重点地面沉降和地裂缝区综合物探调查 150km;GPS 监测 386 点·次。

1. 采用的监测方法

1)水准测量

华北平原地面沉降监测与调查按照《国家一、二等水准测量规范》(GB 12897—91)、《测绘产品质量评定标准》(CH 1003—91)、《测绘产品检查验收规定》(CH 1002—91)等技术规范要求,分 4 年时间对地面沉降严重的天津武清、天津—沧县、唐山、沧州—衡水及德州等地开展了一等或二等水准测量,共计完成水准测量 5 281km。

2)地面沉降 GPS 监测

华北平原地面沉降 GPS 监测网由 5 座固定基准站(图 6-1～图 6-3)和 152 座监测墩(图 6-4)组成。5 座固定基准站分布在北京、天津、沧州与唐海 4 地,152 座监测墩分布在华北平原地面沉降重点区域,具体分布情况见图 6-5。

第六章 渐进性地质环境问题监测

图 6-1　北京 GPS 基准站

图 6-2　天津宝坻与汉沽 GPS 基准站

图 6-3　沧州兴济镇基站、唐海四农场基站

图 6-4　北京北齐家 GPS 监测墩 BJ05

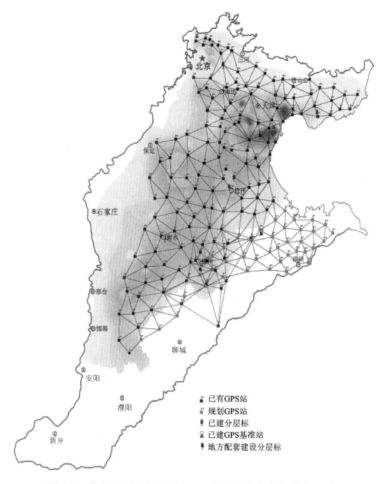

图 6-5　华北平原地面沉降 GPS 监测墩与分层标分布示意图

5 座固定基准站 24h 全天候工作,取得的数据能够自动传输到控制中心服务器,为本单位或者其他需要的单位提供数据下载。

华北平原地面沉降 GPS 监测网布设等级为 C 级,其各相邻 GPS 点间最小距离为 5km,最大距离为 40km,平均距离为 10~20km。

北京 2005—2007 年共开展了 4 期 GPS 监测,其中 2005 年为 2 期,2006 年和 2007 年各 1 期。监测使用 14 台双频 Trimble GPS 接收机对 14 个监测点进行联测,观测模式为相对静态测量。所得 GPS 测量结果与分层标监测和人工水准监测数据对比,误差较小。以第四期 GPS 测量的数据为例,14 个数据中有 8 个数据与地面沉降专门测量的数据差值在 10mm 以内,只有 2 个数据差值大于 20mm,基本反映了区域地面沉降的变化趋势。

天津于 2005 年 4—11 月对区内 33 个 GPS 观测点进行了测量,并根据测量结果绘制了测量期内的地面沉降分析图,该图基本反映出天津市地面沉降总体趋势。计算精度由于受解算数据时段的限制受到一定的影响,通过联算几年的数据积累,可以对观测结果进行整体 GLOBK 平差处理,以提高 GPS 监测和数据处理精度。

河北省对区内91座GPS观测墩分别进行了8次GPS测量,其中2004年1次,2005年2次,2006年3次,2007年2次。根据这些测量结果绘制了河北平原地面沉降图。

另外,5座GPS基准站自建成运行以来,取得了大量的监测数据,经与水准测量监测数据比较,高程变化误差在5mm以内。由于基准站数量太少,反映的还只是点上的变化,但其效果要比GPS观测墩监测数据更加平稳和快捷。

3)地面沉降InSAR监测

2003—2009年,华北平原地面沉降调查和监测项目利用InSAR技术,已分别完成了天津、沧州、德州以及天津滨海地区,地跨3省1市4个SAR图幅(1万km²)约4万km²范围内2004—2009年的地面沉降调查和监测。查明了工作区内沉降区(漏斗)的空间分布和变化状况,发现了数个年沉降量超过10cm的沉降漏斗和重点沉降地带。

利用SAR数据,提取了华北平原德州—天津地面沉降区2004—2009年约4万km²覆盖区的地面沉降信息,生成了《华北平原德州—天津地面沉降区年度地面沉降速率图》。利用InSAR监测,查明了工作区内沉降区(漏斗)的空间分布和变化状况,发现了数个年沉降量超过10cm的沉降漏斗和重点沉降地带。并利用可获取的工作区地面水准测量资料对InSAR数据处理结果进行了精度检验和对比分析,表明利用InSAR技术进行区域性地面沉降调查与连续监测效果显著。

4)基岩标与分层标监测

华北平原地面共有8座基岩标与16组分层标,分别位于北京、天津、唐山、沧州和衡水等地,各标分布位置如图6-5所示。

2. 监测结果

通过空中、地表、地下的立体监测,查明在华北平原14万km²的调查范围内,大于2 000mm的沉积面积达930.4km²;大于1 000mm的沉降面积达6 236.5km²;大于500mm的沉降面积达3 0202.9km²;大于200mm的沉降面积达64 296.6km²。北京地区主要沉降中心为东八里庄—大郊亭、通州区、朝阳区来广营、昌平区沙河—八仙庄、顺义区平各庄、大兴区,最大累计沉降量分别为0.765m、0.536m、0.826m、1.106m、0.475m、0.791m;天津地区主要沉降中心为塘沽、汉沽、市区、武清,中心最大累计沉降量分别为3.25m、3.11m、2.96m、2.898m;河北地区主要沉降中心为沧州、任丘、河间、献县、肃宁、冀枣衡、唐海、廊坊,最大累计沉降量分别为2.518m、1.17m、1.311m、1.336m、1.138m、1.314m、0.846m、0.6m;山东德州沉降区,最大累计沉降量达1.081m。本项目调查和监测结果显示,华北平原不同区域的沉降中心仍在不断发展,并且有连成片的趋势(图6-6)。

第二节 海水入侵监测

一、监测目的

查明海水入侵的原因、类型、咸水体运移规律和海水入侵发展趋势,为防治海水入侵综合

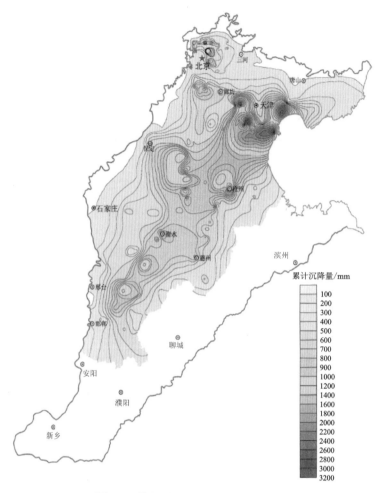

图 6-6　华北平原地面沉降现状示意图

方案的制定提供理论依据和方法(赵战坤,2012)。

二、监测前所需收集的资料

研究区环境背景资料、海水入侵历史资料、人类活动资料、地下水观测资料、潮位站资料、研究区内台站气象资料以及基础地理信息资料等(陈广泉,2013)。

三、监测内容(庞宇峰,2014)

监测的任务是分析多年海水入侵监测资料,对区域的海水入侵情况开展综合调研,划定海水入侵范围,掌握研究区海水入侵现状及演变趋势,研究海水入侵典型地区过渡带地下水变化特征和动态变化趋势,建立研究区海水入侵动态监测系统,研究该区海水入侵的成因,为海水入侵的防控和治理打下坚实的基础。

监测的内容包括研究区地形地貌、气候环境、河流水系的分布等研究区情况；研究区水文地质条件调查；海水入侵监测，水位和水质变化的分析。

四、监测技术与方法（庞宇峰，2014）

海水入侵监测主要用到的技术手段如下。

1. 水化学监测

海水的主要化学指标如 Cl^- 浓度、Br^- 浓度、矿化度以及电导率等通常高于未受污染的地下水的这些化学指标，因此常用其进行海水入侵界面的判定。

Cl^- 浓度为常用的海水入侵监测指标，常用 250mg/L 作为判别阈值。

Br^- 在普通地下淡水中以微量元素的形式存在，其值通常不超过 0.2mg/L，但在海水中含量一般为 65mg/L，可用其作为辅助性参考指标。

矿化度表征水中含有的无机物总量，单位为 g/L。

矿化度和水的电导率线性相关，所以电导率也可以作为海水入侵判定的指标。

2. 物探监测

物探方法通常与化学指标共同使用，是采用地球物理测量设备探测地层岩性结构、海水入侵界面线、电导率、电阻率等指标。常用方法有地球物理测井、高密度电阻率法、航空雷达、探地雷达等。

3. 同位素监测

历史上的一系列海底地壳运动把部分古海水封存在海底地层透镜体中，这些海水可能会由于火山地震等地壳运动而重新从地底释出。由于古海水年代久远，其中的同位素组分差别与现代海水相差很大，可利用其进行古咸水入侵的判断。常用的同位素指标有 ^2H、^{18}O、^{34}S、Sr、C、B 等。

五、实例：荣成市海水入侵监测（庞宇峰，2014）

（一）研究区概况

1. 自然地理条件

荣成市属低山丘陵区，南北地形高、中间地形低，地势由西北向东南倾斜，有山、丘、滩三大地貌类型和 16 种微地貌单元。市内丘陵地形广布，经长期剥蚀形成平岗浅谷；平原多分布在河流沿岸和沿海地区，呈狭窄带状（图 6-7）。

图 6-7 研究区地理位置示意图

2. 区域水文地质条件

1) 水文条件

研究区分布的河流主要有崖头河、沽河、十里河、桑沟河,以上诸河具有源短流浅,丰、枯期流量相差悬殊,河床纵坡度大,雨季流水湍急,旱季除崖头河皆断流干涸的共同特点(图 6-8)。

第六章 渐进性地质环境问题监测

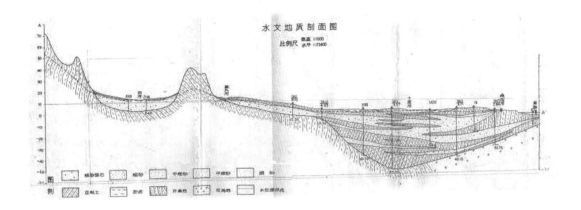

图 6-8 荣成市城东海岸带水文地质剖面示意图

2）地层与地质构造

研究区根据不同岩性组合，可分为 3 组：下部为鲁家夼岩组；中部为马格村岩组；上部为王官庄岩组。而中生界白垩系仅为青山组二段。第四系由多层交叠的砂、砾石、黏土、亚黏土、亚砂土层组成。第四系粒度自上而下由细→粗→较细，构成了一个较完整的沉积旋回。

荣成市地处胶东地盾胶北隆起的东端。乳山-威海复背斜为胶东地区古老构造形式，是一较大规模强烈构造带。由于多次受到岩浆岩活动的影响，境内褶皱形态受到严重破坏，褶皱不甚发育，仅为一南东向倾斜的单斜。断裂较为发育，以破碎带为基本形迹。

3）城东区水文地质概况

（1）基岩裂隙水：分布于调查区东部边缘带。主要岩性为胶东群片麻岩，富水性严格受构造控制及地形地貌的制约，风化带厚度为 20~40m。地下水埋藏浅，主要靠大气降水补给，富水性弱。当所处地形地貌有利及受构造影响，单井涌水量可达 100~500m^3/d，地下水化学类型为 $HCO_3 \cdot Cl—Na$ 水，碳化度小于 0.5g/L。

（2）松散岩类孔隙水：分布于沽河、崖头河所形成的丘陵坡麓及滨海地带。第四系厚度一般为 7~15m，最厚 53.25m，含水层岩性为中细砂、中砂、粗砂及粗砂砾石，水位埋深一般为 1.5~4.0m，主要靠大气降水补给，地下水化学类型为 $HCO_3 \cdot Cl—Ca \cdot Na$ 水，矿化度小于 0.5g/L。

4）地下水的补给、径流与排泄条件

（1）冲洪积层孔隙潜水、承压水：处在崖头河山前与滨海地段，西部潜水分布区，地形平坦开阔，地表分布有透水性能好的粗砂砾石层，易于接受大气降水补给。该段在一般降水情况下大部分渗入地下。同时还接受崖头河中上游地表水潜流补给，次为边缘带基岩裂隙水侧渗补给及农业灌溉回渗量补给。地下水出山口自西北向东南径流之后转向东，水力坡度为 5‰。

（2）东北承压水分布区：地下水埋藏较前者深且具承压性，地下水主要依靠上游地下水的径流补给，大气降水次之。主要原因是地表黏性土分布连续，为隔水层，分布着大面积盐田，下部淡水难以接受大气降水的直接补给。地下水向海内径流排泄。

（3）洪坡积层：主要靠大气降水补给，因地面有一定坡度，地表水径流畅通，组成岩性多为黏性土，接受大气降水性能弱，补给量小；向冲洪积层径流排泄。

（4）基岩裂隙水：主要靠大气降水补给，向松散岩类孔隙水径流、排泄。

5）地下水动态及化学特征

（1）区内地下水的动态变化规律受气象因素的控制。平水月份，地下水位较为稳定；高峰水位多出现在八、九月；低水位多出现在四、五月。该区地势低洼，濒临沿海，地下水开采量小，地下水位年变化幅度较小，年变化幅度在 1～2m 之间。

（2）区内地下水的化学特征，主要与地下水的径流条件、地层岩性、地形地貌、地理位置及人为因素有关。区内地下水化学类型较为简单，主要为 $HCO_3·Cl$ 型水。个别地段出现 $SO_4·Cl$ 型水。矿化度一般小于 0.5g/L。

（二）海水入侵的动态监测

1. 地下水水位监测

用水位计测量地下水的埋深，由区域水位数据绘制地下水等水头线图，可以得到该区的地下水流场，包括人工水位计测量法以及遥测法。此处采用远距离测量的遥测技术方法进行。

1）遥测仪器的安装

监测井水位遥测采用浮子式水位计采集数据。系统以 GPRS 无线网络为主信道、GSM 短信为备份信道传输数据，太阳能供电，配备大容量存储卡，可保存 2～3 年的数据，具有远程设置、校时等功能。

2）水位遥测数据的采集

地下水遥测系统对布设井点的水位进行自动监测。此处列出 15d 的系列数据，以俚岛剖面为例，采集数据时间为 2013 年 6 月 25 日至 2013 年 7 月 9 日。图 6-9、图 6-10 分析了俚岛监测剖面 4 眼监测井其中的 2 眼从 2013 年 6 月 25 日至 2013 年 7 月 9 日 15d 的水位动态变化曲线。

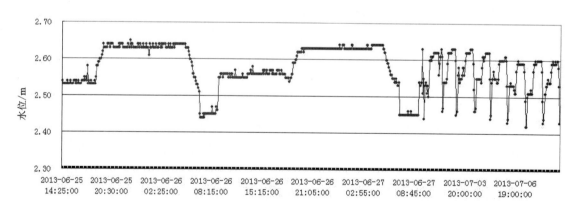

图 6-9　鸿洋神监测井水位动态变化曲线图

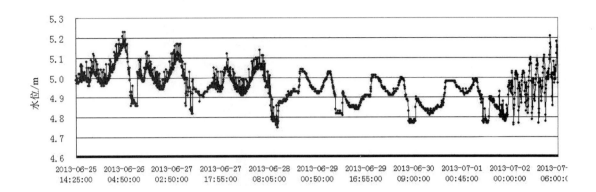

图 6-10　獐子岛监测井水位动态变化曲线图

3)水位动态监测结果分析

(1)典型井点的地下水动态变化特征。

荣成市水利部门自 20 世纪 80 年代开始对潜层地下水位、承压地下水位进行每月 6 次的长期观测。荣成市现有长期监测井 19 眼,监测时间从 1975—2008 年,本次收集了荣成市 19 眼监测井的 2008—2011 年地下水位监测数据,进行单井的长系列地下水动态分析。监测点分布见图 6-11。另外 2011 年在对荣成市水位水质普测的基础上,在成山镇、俚岛镇、荣成市新增监测剖面 3 条,进行实时咸淡过渡带的地下水位的动态变化监测及定时取样分析水质变化情况。图 6-12 为某处典型单井地下水位的多年动态变化图。

图 6-12 的 RC-02 号井位于王连办事处王连水厂院内东北角,该井地下水位呈下降趋势,年际变化较大,2009 年以后地下水下降速度最快,形成了明显地下水低值区。该监测井的地下水位变化与年降雨量的丰枯关系一致,降雨量少的年份地下水位降深大,降雨量大的年份地下水位随之抬高明显,地下水头的降低,导致了海水入侵的进一步加重。

(2)地下水位空间变化分析。

以荣成市的 19 眼长期监测井的历史水位资料,对荣成市的地下水径流变化进行分析。收集 2008 年、2009 年、2010 年、2011 年的地下水位资料,分别绘制地下水位等值线图,详见图 6-13。

图 6-13 列出了 2008—2011 年荣成市的地下水位等值线图。从图中曲线变化规律可以看出,由陆到海地下水位变化趋势明显,水位不断下降,越靠近沿海地区水位下降梯度越大,其中荣成市中心附近水位梯度变化最为显著,地下水降落漏斗较深。分析原因主要是由于此处地形坡度较大,地下水受地形影响,径流排泄迅速;加上该区工厂、学校、居民区等分布密集,工业采水和生活用水大量消耗地下水源,导致水位的急速下降。

分析图 6-13 中的地下水位年内变化规律还可得到:汛期前的 5 月通常为年内地下水水位最低的月份,汛期过后的 9 月,水位出现 1~2m 的回升。由此可见降雨在荣成市地下水补给中所起到的显著作用。

图 6-11 水质监测点分布示意图

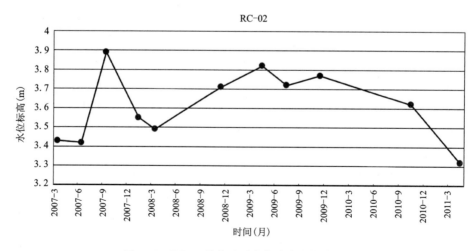

图 6-12 RC-02 号井地下水位动态变化曲线图

第六章 渐进性地质环境问题监测

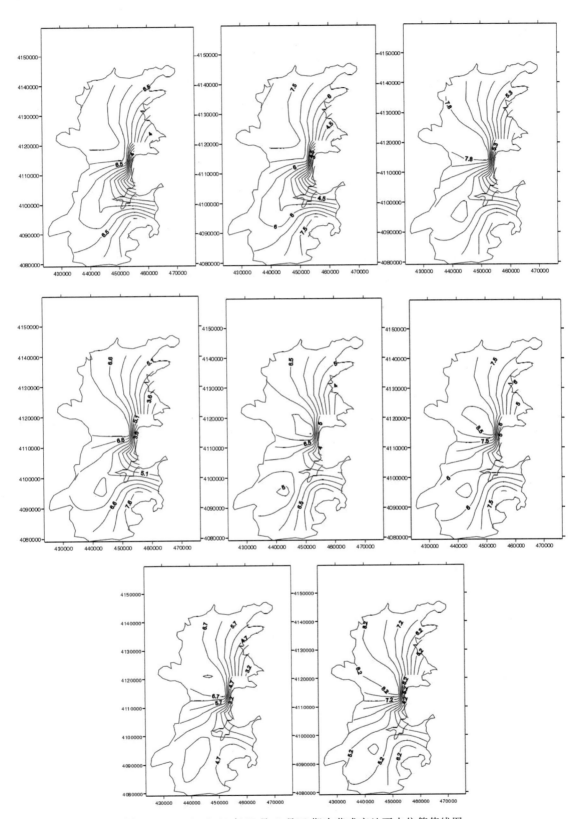

图 6-13 2008—2011 年(5 月、9 月)8 期次荣成市地下水位等值线图

2. 地下水化学监测

1）断面监测分析

荣成市海水入侵是以 Cl^- 浓度 250mg/L 作为咸淡水界面判别标准。本次研究在对 Cl^- 浓度的历史观测资料及研究区海水入侵历史演变趋势分析的基础上，进行新一轮的水质普测，采集地下水样 31 个，加上已有 32 个长期监测点，监测点共计 63 个。

2）单指标化学分析

为了进一步研究海水入侵的动态变化，本次在研究区内布设 3 条监测剖面，即成山镇剖面、荣成市剖面、石岛镇剖面，每条监测剖面新建 6 眼监测井，从 3 条监测剖面的观测水井取样化验，以 250mg/L 的氯离子浓度为划分咸淡水标准，3 条监测剖面都能涵盖海水入侵区和淡水区域，能够满足监测海水入侵动态变化的过程。

根据新建监测坡面的监测数据，以监测点为横坐标，离子浓度为纵坐标，分析对比 Cl^-、Na^+ 等离子浓度的变化情况，掌握海水入侵过程中离子的动态变化，图 6-14 为 2013 年荣成市监测剖面水样的 Cl^-、TDS、Na^+、SO_4^{2-} 等主要离子浓度变化曲线图。

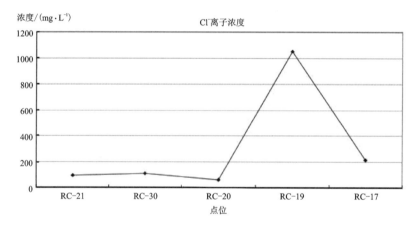

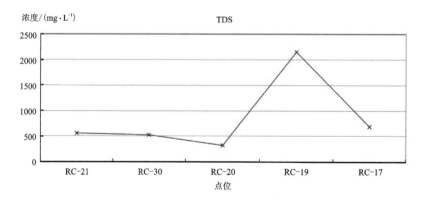

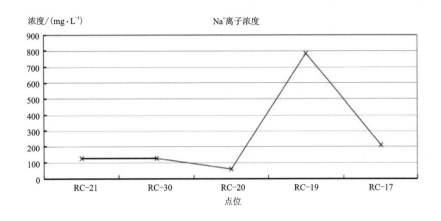

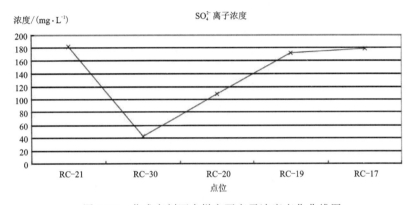

图 6-14　荣成市剖面水样主要离子浓度变化曲线图

荣成市剖面监测井深一般为 5～25m,研究区的监测井全部为第四系潜水井,自西向东监测井编号为 RC-21、RC-30、RC-20、RC-19、RC-17。RC-19 和 RC-17 监测井 Cl^- 浓度为 1 049mg/L 和 214.06mg/L,RC-19 大于 250mg/L 的标准值,而 RC-17 号监测井的 Cl^- 浓度为 214.06mg/L,小于 250mg/L,属于淡水区域,经计算,咸淡水界面位于荣成三中学校附近区域。

同时对荣成市监测剖面水样的 Na^+、Ca^{2+}、Mg^{2+}、TDS、HCO_3^-、SO_4^{2-} 等离子进行了分析,该剖面的 Ca^{2+}、Mg^{2+}、SO_4^{2-} 浓度的变化与 Cl^- 和 TDS 变化趋势相同,说明地下水为 $Cl \cdot SO_4$—$Na \cdot Ca \cdot Mg$ 型水,经检测与莱州湾海水成分相似,说明该区地下水入侵形式为海水入侵,其中 RC-19 号监测井 Cl^- 和 TDS 达到最大,其他的离子也随之变化,主要是受桑沟湾舄湖咸水的影响造成的。

从图 6-14 Cl^- 浓度和 TDS 随着距离海岸线距离的变化曲线看出,剖面的总体趋势是随着与海岸线距离的加大,Cl^- 浓度逐渐降低,局部地区受到咸水湖泊的影响,监测井的水也被污染。

3)多指标水质监测分析

荣成市地下淡水以陆相溶滤水为主,近海区为不同时期造成的海水入侵,近海陆地及河口地带为陆-海交互相、海相沉积水。水化学类型由水质较优的 HCO_3—Ca 型到 $HCO_3 \cdot Cl$—

Ca 或 HCO₃·Cl—Ca·Mg 型到 Cl·HCO₃—Na 或 Cl·HCO₃—Na·Ca 型,矿化度由小于 1.0g/L,到 1.0～2.0g/L,到 3～50g/L,再到大于 50g/L。

本次在对荣成市陆地与海洋的垂直方向设监测剖面,分别在淡水区、海水入侵过渡区、微海水区、海水区、卤水区选取 5 个监测点,采集地下水水样进行多指标分析,分析指标为 pH 值、总硬度、Na^+、Ca^{2+}、K^+、HCO_3^-、SO_4^{2-}、Cl^- 等 14 个指标,通过对地下水的水化学特点的分析,探讨海水入侵来源及变化规律。

利用 AquaChem 地下水化学专业软件绘制 Piper 图,分析地下水的特征和质量。图 6-15、图 6-16 为利用水样分析结果应用 AquaChem 模拟的 Piper 图。

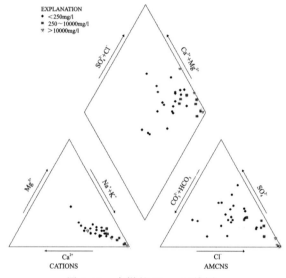

图 6-15 水样的 Piper 三线图

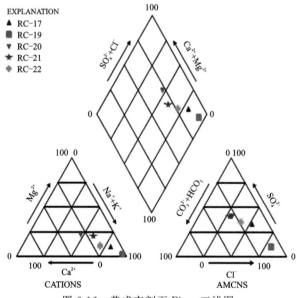

图 6-16 荣成市剖面 Piper 三线图

图 6-15、图 6-16 的样品采自荣成市和荣成市剖面,采样层位是地下 5~30m 的第四系孔隙水。总体上地下水流向是自内陆流向海洋方向。由陆到海,地下水化学类型为 $HCO_3 \cdot Cl$—$Na \cdot Mg$—Cl—Na—Cl—$Na \cdot Mg$ 型水演化,这体现出荣成市北部高浓度海水体沿海呈带状分布的特点。

由于海水入侵使矿化度和 Cl^- 增高,水化学类型趋于复杂,根据区域分布规律大体分为 3 个带,三带依次相连:

第Ⅰ带:$Cl \cdot HCO_3$ 或 $HCO_3 \cdot Cl$ 型,分布于离海岸平原地区,主要为淡水区。

第Ⅱ带:类型繁多,主要有 $HCO_3 \cdot Cl \cdot SO_4$,$Cl \cdot SO_4$,$SO_4 \cdot HCO_3$ 型等,分布于海水入侵过渡区。

第Ⅲ带:$Cl \cdot SO_4$ 或 $SO_4 \cdot Cl$ 型,海水入侵混合水,分布于滨海地区。

荣成市地下水的化学特征,是其形成过程和结果的反映,自西向东水化学类型由 HCO_3—Ca—HCO_3—Cl—$Ca \cdot Mg$—$Cl \cdot SO_4$—$Mg \cdot Na$ 型水过渡,矿化度由小变大,水质由好变差。本区地下水绝大部分属于陆相溶滤潜水,水化学成分的水平分带是不同溶滤阶段和途径的产物。在淡水和海水之间,普遍存在着混合作用及弥散作用,形成宽度不等的过渡地带。

3. 荣成市海水入侵历年变化分析

据历史资料显示,在地形影响及大气降水入渗补给条件下,荣成市地下水自然径流方式为西部地下淡水向东排泄入海。进入 20 世纪 80 年代,由于 10 年多的连续干旱及需水量的增加,地下淡水的开采量越来越大,在市中区以东逐渐形成了一些地下水降落漏斗,制约着咸淡水接触带的地下水运动。

前文述及的水位及水化学监测、地球物理测井和高密度地电探测充分调查了荣成市滨海地区的水文地质情况、含水层岩性、赋存状态、地下水化学组成等情况,为海水入侵分布图的绘制做好了前期的准备。现以监测水样的 Cl^- 浓度 250mg/L 为界,利用 Kriging 插值法做出荣成市的海水入侵分布图(图 6-17~图 6-21)。

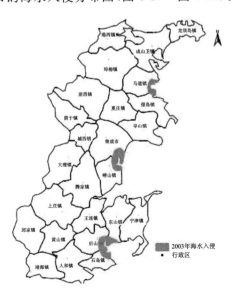

图 6-17　2003 年海水入侵分布示意图

图 6-18　2010 年海水入侵分布示意图

图 6-19 2011 年海水入侵分布示意图

图 6-20 2012 年海水入侵分布示意图

图 6-21 2013 年海水入侵分布示意图

据调查统计,2013 年荣成市海水入侵面积达到 81.10km^2,其中荣成市及崂山镇海侵面积为 32.89km^2,斥山镇和石岛镇达到 28.15km^2,成山卫镇为 8.69km^2,马道镇为 11.73km^2,2003—2013 年 10 年间增长了 44km^2,年入侵速率为 4.4km^2/a,其中 2003 年成山卫镇未发现海侵,2010 年调查时已经达到 5.82km^2。表 6-3 为历年海水入侵面积统计结果。

表 6-3　海水入侵面积统计表　　　　　　　　　　单位：km²

行政区	2003 年	2010 年	2011 年	2012 年	2013 年
荣成市、崂山镇	10.27	14.42	15.59	17.79	32.89
斥山镇、石岛镇	12.49	20.15	3.23	31.77	28.15
成山卫	0.00	5.82	32.70	8.02	8.69
马道镇	14.51	4.97	36.25	4.95	11.37
合计	37.27	45.35	87.77	62.52	81.10

第三节　地下水污染监测

一、监测目的

地下水污染监测的目的是调查清楚各类污染源（如工业、农业、生活、径流）排放的污染负荷、组分及其分布与发展趋势（现状与预测），为控制各类污染提供具体的对策和措施。同时为制定适合城市具体情况的、全面的和优化的水资源保护与水污染防治规划提供依据，为城市地下水水质管理规划提供依据，为城市地下水水域的功能区划分提供依据，为城市功能分区及土壤的综合利用提供依据等（徐社美等，2008）。

地下水污染监测的基本任务是在基本查明水文地质条件的基础上，对于已经不同程度开采利用地下水或拟将开采地下水的广大区域和城市范围内，布设各级监测网点，以浅层地下水及作为主要开采段的深层地下水为重点，进行地下水动态长期监测；在基本查明环境地质条件的基础上，对于已经发生或者可能发生区域性水位下降、水资源衰竭、水质污染与恶化、海（咸）水入侵、土壤盐渍化、土地沼泽化、地面变形等环境地质问题的地区，进行地下水动态监测（国土资源部地质环境司等，2014）。

二、监测前所需收集的资料

1. 基础资料

研究区水文地质工程地质勘查资料、水资源管理方面的资料、市政现状及远景规划资料、研究区区内国家水准网点资料、城市测量网点资料，井、泉点的历史纪录及历史水准点资料，研究区水文地质工程地质条件，历年水资源开采情况，已有的监测资料等。

2. 地下水污染调查资料

土地利用现状及其变化情况、调查区污染源资料、污染源的类型、空间分布特征、水文地质调查资料（包括重点地区包气带岩性、厚度及其区域分布；区域地下水补给、径流和排泄条件变化及影响变化的自然因素及贡献，建立、完善地下水系统结构模式或模型；重要的人类活动，例如土地利用、水资源开发等情况；地下水开发利用状况，集中开采水源地分布及其开采量等）等（工程地质手册编委会，2018）。

三、监测内容

(一)监测对象的分类

根据监测对象的性质不同大致可将地下水污染监测工作分为以下几类。

1. 天然水质不理想地区的监测

天然的水质不理想地区,主要指地下水的某些组分浓度在天然情况下偏离正常的水质标准,作为水源长期使用后对人体健康产生一定的危害。常见的有矿化度异常、高氟、铁锰含量超标等。对其进行监测的目的是为了查明水质水环境问题出现的原因,并对水质水环境进行评价,掌握水质、水环境的变化情况。在此工作的基础上对工作区域水质、水环境进行防治。

2. 农业生产区的水质监测

农业生产区的污染面积大、分布广,通常可称为面源污染,主要是通过降水产生的地表径流携带农业生产过程中使用的化肥、农药残留物等成分汇入河流,还有就是通过在洪水期所形成的面流,将地表堆积的各种废弃物、人畜粪便等带入河水中造成相关河流区域的污染。此类地区水质水环境污染源主要是农药、化肥和部分有毒有害物质,监测区的面积很大。

3. 工业生产集中地和城镇居民生活区的地下水污染监测

通常称这类地区的污染为点源污染,污染源主要是工业废水和城镇生活污水。这类地区污染源多,有害物质错综复杂,人类活动强度大,地下水开采程度高,污染途径广,地下水受污染的情况比较严重,有些地区污染还在不断发展,特别是工矿企业和有色化工行业,污染物排放量大,而且排放具有分散、浓度高、处理率低等特点。这是地下水污染监测的重点,在这类地区,除进行一般水质普查外,应设置长期的地下水污染监测网,定期进行取样监测分析。

(二)监测工作的开展(国土资源部地质环境司等,2014)

1. 监测井孔的定时定期取样分析

取样时间和取样频率的确定取决于工作区背景、监测目标等,对于地下水径流缓慢,水质变化小的按照预先设计的取样频率定期取样分析即可满足工作需要。对于水质动态变化的地区,根据取样分析结果不断对监测网进行优化,合理地制定取样时间和取样频率。

2. 监测资料的分析处理

对已完成的取样分析结果进行统计分析:包括单井中各监测项目的超标统计;浓度超标单项的检出统计;工作区浓度超标项目的综合统计等。通过对污染源进行分类,对统计数据进行分析存档,在此基础上,结合对工作区水文地质条件、土地利用、水质排放情况的了解,对研究区的水环境水污染进行综合分析。

3. 监测结果的发布和污染的预报预警

监测资料整理综合分析后,要定期发布污染监测报告,送交相关的部门,说明工作区当前的水质状况,按水质安全级别对工作区进行划分,说明哪些区域当前水质是相对安全的,哪些区域当前污染严重、水质较差,需要进行污染控制和防治,发布预警报告,提醒相关的部门和单位注意用水安全。

四、监测技术与方法

(一)地下水污染监测网点布设原则(中国地质调查局,2012)

地下水污染的水化学监测网布置原则应考虑区域水文地质条件、水化学特征、地下水开采状况和污染现状、污染源及其扩散形式等因素。一般采取点面结合的方法:抓住重点污染地段,并对整个研究区做适当控制;监测的主要对象为污染物危害性大、排放量大的污染源、重点污染区及重要的供水水源地;污染区观测点的布置方法应根据污染物在地下水中扩散形式确定。根据污染物在地下水的分布形式,监测点可参考以下几种方式布置。

1. 点状污染源监测

排污渗井或渗坑、堆渣地点等点状污染源,可沿地下水流向,自排污点由密而疏布监测点,以控制污染带长度和观测污染物弥散速度。含水层透水性好,地下水渗流速度大的地区,污染物扩散较快,监测点距离稀疏,观测线延伸长度大;反之,在地下水流速小,污染物迁移缓慢、污染范围小的地区,监测点应布置在污染源附近较小范围内。监测点既沿地下水流向布置,也垂直流向布置,以立体控制污染带分布特征。

2. 线状污染源监测

排污沟渠、污染的河流等线状污染源监测,应垂直线状污染体布置监测断面,监测点自排污体向外由密而疏。污染物浓度高、污染严重、河流渗漏性强的地段,为监测重点,应设置2～3个监测断面。在河渠水中污染物超标不大或渗漏性较弱的地区,设置1～2个监测断面。基本未污染的地段可设一个断面或一个监测点以控制其变化。

3. 面状污染源监测

如污灌区的监测,可用网格法均匀布置监测点线。污染严重的地区多布置,污染较轻的地区则少布置。对不同类型的地下水或不同含水层组,应分别设置监测点,特别是浅层水与深层水、第四系松散层地下水与基岩地下水等应分别监测。

4. 监测孔布置

除新建或专门建立的监测孔外,可选择部分常年使用的生产井作监测孔以确保水样代表含水层的真实化学成分。每个监测井均应记录基本情况、所在位置、所属单位、井的深度、岩层结构、开采层位、开采量、井孔附近的水文地质概况,以建立监测孔的档案卡片。

(二)监测井孔的选择和创建(徐社美等,2008)

在监测网的构建过程中,作为长期观察监测用的井,一般要选择经常使用的,能达到监测目标和要求的井孔,这样可以确保水样的代表性,真实地反映含水层的水化学组分。

相应地确定了监测井孔后,建立各井孔的档案资料,包括井的位置、高程、井深、稳定水位、含水层的厚度埋深等信息。

(三)监测项目的确定(中国地质调查局,2012)

地下水污染监测项目的确定,应按地下水污染的实际情况商定。根据我国城市地下水污染的一般特征和当前监测水平,按环境质量评价的一般要求,可分为如下几类。

1. 地下水常规组分监测

包括钾、钠、钙、镁、硫酸根、氧化物、重碳酸根,pH 值、溶解性总固体、总硬度、耗氧量、氨、硝酸根、亚硝酸根、氟化物等。

2. 有害物质监测

根据工业区和城市中厂矿、企业类型及主要污染物确定监测项目。一般常见的有汞、铬、锡、铜、铅、锌、砷等重金属,有机有毒物质,酚、氰化物及工业排放的其他有害物质。

3. 细菌监测

可取部分控制点或主要水源地进行监测。测试数据最好与环境背景值进行对比,尽可能采用精度高的新技术方法和实现测试自动化。

4. 特殊目的监测

根据用户的需求,对地下水中各种有机污染物、微量元素、放射性物质、溶解性气体等进行监测。

(四)监测频率的确定

区域地下水污染监测点监测频率,一般每年9月到10月监测一次。重点区地下水污染监测点监测频率,一般每年丰、枯水期各监测一次。特殊地下水污染组分监测,一般每季度或每月监测一次。岩溶泉和地下河的监测应结合地下水动态变化特点确定。专用监测井按设置目的与要求确定(工程地质手册编委会,2018)。

五、实例:天津市某垃圾填埋场地下水污染监测(雷抗,2018)

(一)区域概况

1. 自然地理概况

区内地势平坦,微向东倾,属海积、冲积平原。区内河渠纵横,较大河流有永定新河、金钟河等。海拔高度由南向北一般为 2~1m,区域全部被新生代沉积物所覆盖,覆盖层厚 1200~2300m。

2. 区域地质条件

填埋场所在区域属华北地层大区晋冀鲁豫地层区的华北平原分区,地表全为第四系,没有基岩出露。在新生代时测区产生强烈的断陷及凹陷,沉积了巨厚的新生代堆积物。

3. 区域水文地质条件

天津市地下水的赋存受地质构造、地貌、水文和古地理条件的控制,从山前平原向滨海平原水文地质条件由简单到复杂,呈现出明显的水平分带规律。

本区主要是开采第四系及第三系松散层孔隙地下水,所以第四系及第三系的沉积特点对其水文地质条件有着重要意义。第四系孔隙水划分为第Ⅰ含水组(浅层淡水、咸水含水组)、第Ⅱ含水组和第Ⅲ含水组。其下含水组为新近系地层。本区第四系含水组的划分及其地质、水文地质特征见表6-4。

表6-4 区域第四系含水组划分表(据天津市地质矿产局,1992)

组别	地层时代	底界埋深/m	岩性	砂层厚度/m	涌水量/m³·h⁻¹	水质特征		
						化学类型	矿化度(g/L)	F(mg/L)
第Ⅰ含水组	Qh	16~22	粉细砂	5~20	<10	Cl·SO$_4$—Na Cl·HCO$_3$—Na	2~11	2~4
	Qp$_3$	60~80						
第Ⅱ含水组	Qp$_2$	160~190	细砂、粉细砂、粉砂	30~40	40~60	HCO$_3$—Ca—Mg HCO$_3$·Cl—Na Cl·HCO$_3$—Na	0.5~1.5	2~5
第Ⅲ含水组	Qp$_1$	270~300	细砂、粉细砂	15~20	20~40	HCO$_3$—Na HCO$_3$·Cl—Na	0.5~1.5	2~4

(二)地下水环境现状调查与风险评估

1. 场地基本情况

该垃圾填埋场位于天津,自2013年开始填埋,至2015年停止,占地约240亩,填埋深度约 11m,垃圾填埋量 60 万～70 万 m³,垃圾含水率 70%以上;填埋场地处海积平原区,地下水赋存丰富,导致填埋场内渗滤液液位较高(埋深 1～2m),总量 70 万～80 万 m³。天津市受到第四纪中更新世晚期以来海侵的影响,发生了多次的海进海退,导致浅层地下水以低矿化度咸水为主,部分区域呈高矿化度咸水,使地下水污染监测传感器对污染物的灵敏度降低;地下水流速低,导致地下水监测井水力交换较慢,井水易发生变质,这些原因均使得地下水污染监测预警难度加大。

2. 水文地质勘查

1)工程地质勘探

为了掌握垃圾填埋场可能影响深度及下部地层的岩性和地层结构,在填埋场及周边布设工程钻孔 20 个。勘查最大深度为 80m,所调查的地层包含第四系全新统、上更新统及部分中更新统地层(图 6-22)。

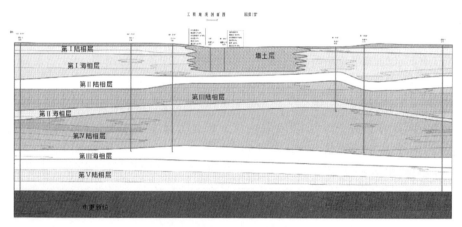

图 6-22 地质剖面 Ⅰ—Ⅰ′示意图

2)水文地质勘探

根据收集的资料和工程地质勘探结果,认为可能受垃圾填埋场堆体影响较大的含水层为第 Ⅰ 含水组上部的潜水含水层及 50m 以前的第一层(底板埋深约 30m)、第二层(底板埋深约 45m)微承压水含水层。为判断垃圾填埋场区域地下水流场及环境污染现状,布设地下水监测井点位 8 个,每个点位设计 15m、30m 和 45m 共 3 眼不同深度监测井,总钻探深度 900m。监测井布设如图 6-23 所示。

对全部 24 个水文地质钻孔均进行水文地质成井工作,成井目的层位为潜水含水层和第一层、第二层微承压含水层。根据工程勘探和水文地质勘探得出场地周边水文地质特征如下。

(1)含水层基本特征。

钻孔最大深度 80m,垃圾场垃圾填埋深度约 11m,选取 45m 左右以浅为调查重点。勘查资料显示,在埋深 0～15m 的深度内,分布有不连续的粉土层或粉质黏土层,粉土总厚度为 4～11m 不等,该层为场地及周边的潜水含水层。在 15～21m 深度范围内,以隔水性良好的黏

图 6-23 天津市某简易垃圾填埋场地下水监测井布设

土或粉质黏土为主,阻隔潜水与微承压水的水力联系。本研究的重点为 21m 以浅的潜水层,含水岩组主要为黏性含量较高的粉土层,渗透性较差,富水量差。

第一微承压含水层岩性主要为粉土、粉砂甚至细砂,埋深 20～30m。该层含水层地层以粉砂细砂为主,含水层下部分布有厚度不均的粉质黏土或黏土层,作为此层与第二微承压含水层之间的隔水层。

第二微承压含水层埋深为 33～45m,岩性主要为不连续的粉砂、粉土层,厚度有一些变化,下部隔水层岩性主要为粉质黏土。

(2)浅层地下水补径排特征。

场地区域潜水地下水主要的补给源来自大气降水,主要的排泄形式为蒸发,也会通过越流补给下部含水层(图 6-24)。

微承压含水层补给主要靠上游的侧向径流。通过实地测量,微承压含水层的水位标高普遍低于潜水,说明除了接受侧向径流补给之外,还可以接受潜水的越流补给,但根据地层渗透性分析,潜水含水层隔水底板的渗透性很小,潜水越流补给微承压含水层的水量非常小,即潜水与微承压含水层的水力联系很小。第一微承压含水层与第二微承压含水层之间的水力联系也主要是越流补给排泄。

水文井成井结束后,对潜水地下水水位进行了监测,根据地下水监测井的水位测量结果,绘制了潜水流场图(图 6-24)。

根据抽水试验,潜水含水层等效渗透系数为 0.06～0.74m/d,影响半径 8.9～46.3m。

3. 地下水污染状况

根据水文钻探所布设的监测井,对地下水进行初步调查。地下水采样点共 8 个,每口监测井采取上、中、下 3 个不同深度样品,共 24 个;渗滤液样品采样点 15 个,共 15 个样品。监测指标根据《地下水环境质量标准》(GB/T 14848—2017)包括 pH 值、电导率、重金属等 37 项,测试方法参考《地下水环境质量标准》(GB/T 14848—2017)表 B.1,具体指标如表 6-5 所示。

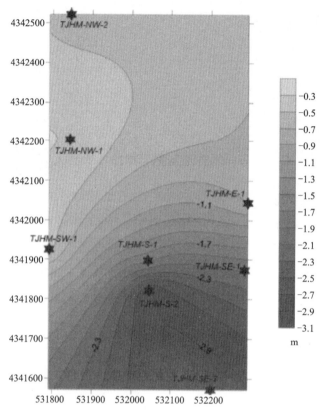

图 6-24 场地周边潜水流场图

表 6-5 渗滤液及地下水样品检测分析指标

指标名称	
常规指标	色、嗅和味、浑浊度、肉眼可见物、pH值、总硬度、溶解性总固体、硫酸盐、氯化物、铁、锰、铜、锌、钼、挥发性酚炎、阴离子表面活性剂、耗氧量、氨氮、硫化物、钠、总大肠菌群、菌落总数、三氯甲烷、四氯化碳、苯、甲苯、亚硝酸盐、硝酸盐、氰化物、氟化物、碘化物、汞、砷、硒、镉、铬、铅

经过初步调查,发现场地周边地下水重金属含量几乎没有,从有机物组分分析来看,邻苯二甲酸酯类物质有不同程度的检出。最终确定氯离子、氨氮、硝酸盐、有机物为该场地周边地下水的主要污染物。在填埋场周边地下水中,S-1点氨氮浓度最高为 9.83mg/L,是地下水 Ⅴ 类标准的 6.6 倍,填埋场下游点附近土壤中硝酸盐高达 2420mg/kg,周边监测井中地下水有机碳(Total Organic Carbon,TOC)浓度最高为 11.13mg/L,填埋场下游 SE-2 点氯化物浓度高达 12 000mg/L。

4. 风险评估

由于天津地区浅层地下水为非饮用水,场地周边人烟稀少,主要敏感受体为农田、虾塘,不符合《污染场地风险评估技术导则》(HJ 25.3—2014)的直接暴露途径,因此选择垃圾填埋场地下水污染生态风险评估方法对地下水污染进行评估更为合适。

根据场地调查结果对各指标进行评分分级,并通过 YAAHP 软件计算权重结果如表 6-6 所示。然后计算出垃圾填埋场地下水污染生态风险等级评估指数 $I=6.224$,根据污染风险分级属于较高风险区间,因此确定监测预警频率为每周监测 1 次。

表 6-6　地下水饮用水源地补给区污染源风险等级评价指标及权重

一级指标	二级指标	评分	权重
L_1	L_{11}	2	0.064
	L_{12}	10	0.154
	L_{13}	5	0.017
	L_{14}	10	0.017
	L_{15}	10	0.033
	L_{16}	4	0.056
L_2	L_{21}	6	0.059
	L_{22}	4	0.019
	L_{23}	7	0.031
	L_{24}	10	0.143
	L_{25}	4	0.147
V	D	9	0.062
	R	3	0.036
	C	1	0.023
	A	6	0.021
	S	5	0.018
	I	3	0.055
	L	7	0.036
	T	10	0.009

(三)地下水污染监测预警

在场地调查和风险评估的基础上,确定了垃圾填埋场的水文地质条件和地下水污染风险。为了进一步验证地下水污染监测预警方法,将填埋场下游 S-1 点设置为监测预警点位,安装构建地下水污染监测预警系统,并根据风险等级设置监测预警频率为每周 1 次。

本次所设计的地下水污染监测预警系统,主要包括监测预警硬件系统和软件平台。在硬件系统中,构建地下水多层位微洗井采样监测井,可减少洗井量和洗井时间;构建自动洗井采样装置,实现远程地下水自动采样和自动洗井;通过在线传感器采集实时监测数据,并将数据通过传输装置发送至云端,实现污染快速监测;通过监测预警软件平台从云端获取数据并进行分析,确定预警等级,最终将预警结果及建议措施展示在人机交互界面,实现污染实时预警。监测预警系统如图6-25所示。

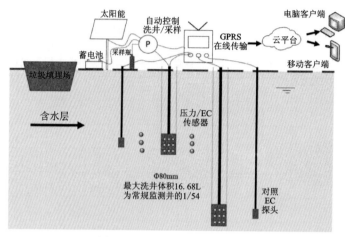

图6-25 地下水采样监测系统

1. 参数确定

1)在线监测指标的确定

为确定地下水污染监测预警在线监测指标,使用SPSS19.0软件分析了该场区浅层地下水中电导率、氨氮、氯离子、硫酸根离子和TOC之间Spearman相关性,如表6-7所示。

结果说明,在该填埋场周边潜水含水层中,多个监测指标呈显著相关;其中EC与氯离子、TOC、硝酸盐呈极显著正相关。

表6-7 地下水中各水质指标之间的Spearman相关性

地下水水质指标	EC	NH_4^+-N	Cl^-	TOC	NO_3^-
EC	1				
NH_4^+-N	0.624*	1			
Cl^-	0.864**	0.451	1		
TOC	0.745**	0.784**	0.482	1	
NO_3^-	0.855**	0.670**	0.827**	0.709*	1

注:*:在0.05水平(双侧)上显著相关;**:在0.01水平(双侧)上显著相关。

为了确定电导率与其他指标的函数关系,在电导率与电导率相关性显著的指标之间使用回归方程进行检验(牛赟等,2016)。计算回归方程结果如表6-8所示。

模型模拟结果表明,电导率与氯离子相关性最好,其次为硝酸根离子。由于现场实验条件多变,不可控因素较多,相关性系数达到0.8以上就可以认为相关性非常好,因此认为电导率可以在一定程度上反映出地下水氯离子浓度,电导率作为垃圾填埋场地下水污染监测预警的指示指标具有一定的可行性。

表 6-8 电导率与地下水污染特征指标之间的回归分析

因变量 /mg·L^{-1}	自变量 /ms·cm^{-1}	模型	回归方程	R^2	F 值
NH_4^+-N	EC	复合曲线	$y=0.115+1.197x$	0.51	9.375
Cl^-	EC	三次曲线	$y=155.609+216.676x+9.53x^2-0.139x^3$	0.882	17.464
TOC	EC	三次曲线	$y=1427.19-309.038x+15.756x^2-0.169x^3$	0.498	2.313
NO_3^-	EC	三次曲线	$y=19.673-4.152x+0.203x^2-0.02x^3$	0.66	4.524

2) 洗井周期的确定

为了确定洗井的有效期,对 S-1 和 SE-1 两眼监测井进行了跟踪监测,观察洗井前和洗井后 1d 至 28d 井管中滞水的监测指标变化情况。由图 6-26(a)可知,洗井 1d 后井中 TOC 和氨氮各层位都处于较高状态,洗井后 2d 两个点位的 TOC 出现明显下降,地下水电导率在洗井后 2~3d 开始发生改变,说明洗井后 2d 起井中水质已经发生变化,从 15d 起出现缓慢上升,可能是井中滞水发酵导致;图 6-26(c)显示 SE-1 井中氨氮也出现类似的变化,S-1 井中氨氮一直处于较高浓度,从第 5d 起有缓慢的上升趋势,总体浓度变化不大,与图 6-26(b)中电导率变化趋势一致,这可能是由于该点离填埋场较近,地下水中污染物氨氮较高所致。

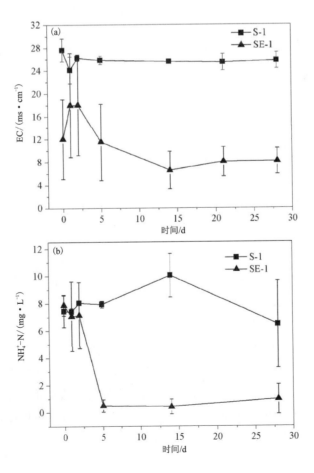

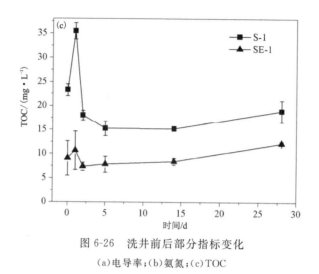

图 6-26　洗井前后部分指标变化
(a)电导率；(b)氨氮；(c)TOC

因此,认为该区域潜水含水层监测井洗井后 1d 监测指标已发生变化,在之后的采样之前均需要进行洗井工作。

2. 预警结果及建议措施

监测预警平台从云端获取接收数据后处理成趋势曲线显示如图 6-27 所示。

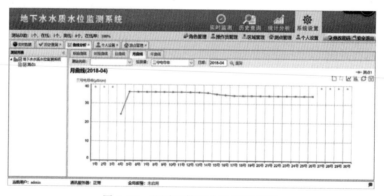

图 6-27　监测预警平台数据示意图

根据监测平台数据显示可以明显看出,地下水电导率稳定,水质变化不大,但电导率一直处于 35ms/cm 左右,经计算所得出的氯离子浓度为 13 453.89mg/L,是本场地背景氯离子浓度的 8.1 倍,应实行地下水污染黄色预警预案。

另根据对填埋场南部监测预警点位及周边地下水进行的详细调查,并使用克里金插值法对污染结果进行模拟和预测,模拟结果如图 6-28 和图 6-29 所示。

由图 6-28(a)可以看出,填埋场周边潜水含水层中,填埋区域渗滤液氨氮浓度最高为 2358mg/L,并呈向周边扩散趋势且主要向南扩散。填埋场周边地下水中,S-1 点氨氮浓度最高为 9.83mg/L,是地下水 Ⅴ 类标准(1.5mg/L)的 6.6 倍,随着与填埋区域距离增加,氨氮浓度逐渐减小。

由图 6-28(b)可知,填埋场中硝酸盐氮浓度整体不高,平均为 29mg/L,填埋场下游地下水中硝酸盐氮浓度最高为 0.89mg/L。这种现象的出现存在两种可能性,其一为填埋场中的硝酸盐随地下水迁移至下游区域;其二为填埋场周边地下水中的硝酸盐氮是由硝化作用产生。

图 6-28(c)表明,该填埋场周边潜水含水层有机物污染主要来自于垃圾填埋区域,与氨氮的迁移趋势类似。填埋场内部 15m 监测井中地下水 TOC 浓度高达 3 490mg/L;周边监测井中地下水 TOC 浓度最高为 11.13mg/L。由图 6-28 可知,填埋场周边地下水中氨氮、硝酸盐、TOC 主要来源于填埋场,且浓度随着与填埋场距离的增加而减少,氨氮、硝酸盐、TOC 的污染范围在以填埋场为中心 0.5km 以内。

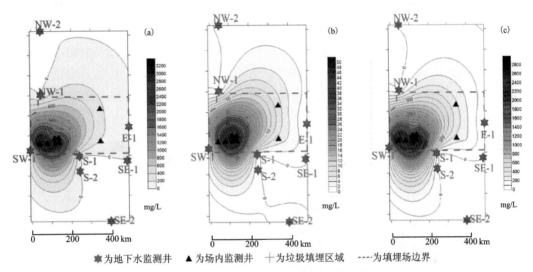

图 6-28 潜水含水层中污染物浓度分布
(a)氨氮;(b)硝酸盐氮;(c)TOC

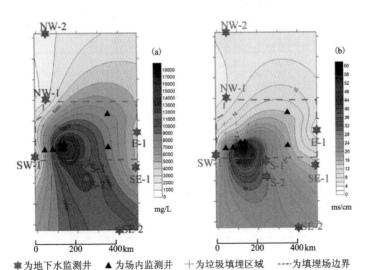

图 6-29 潜水含水层中氯离子浓度和电导率分布
(a)氯离子;(b)电导率

如图6-29(a)所示,填埋场下游地下水中氯离子浓度明显高于上游地下水中氯离子浓度,且与氨氮、TOC、硝酸盐氮污染分布有明显差异。分析其原因:①渗滤液污染已经扩散至下游区域,滨海地区含水层介质对氯离子吸附作用较弱(胡舒娅等,2015),在地下水扩散较快,而氨氮等污染物受含水层介质影响较大,扩散较慢;②天津处于海水入侵的区域,可能填埋场区域刚好处于海水入侵的界面处,上游受海水入侵影响较小,地下水氯化物含量较低,而下游受海水入侵影响导致地下水氯化物浓度较高(张欢等,2014)。

由图6-29(a)可知,填埋场中氯离子在地下水的迁移范围较大,尤其在填埋场下游区域迁移范围半径在1km以上。

电导率分布与氯离子有着类似的现象。由于天津处于海积平原区,潜水含水层背景电导率值一般为1~9ms/cm(路剑飞等,2016)。由图6-29(b)可知,填埋场的南部地下水电导率最高,填埋场北部地下水电导率整体偏低,从图6-29填埋场南部地下水(下游)中的电导率偏高是由填埋场中污染物引起的,电导率最高为28.34ms/cm,位于S-1点。根据污染模拟结果发现,本研究区填埋场下游地下水已发生污染的可能性较大,需立即启动红色预警。最终预警等级结果显示在客户端,如图6-30所示。

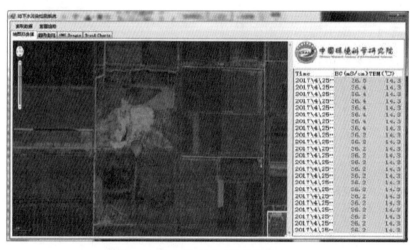

图6-30 客户端监测预警结果示意图

第四节 水土流失监测

一、监测目的

水土流失监测的目的是及时、准确、全面、系统地掌握全国的水土流失现状、动态及相关信息,为国家定期发布水土流失公告提供数据,为各级政府制定防治水土流失的政策、计划、规划等提供信息,同时,也是中国履行有关防治水土流失的国际公约,开展国际变流与合作的需要(侯琳等,2004)。

二、监测前所需收集的资料(李宏伟等,2015)

1. 降水量和风速资料

(1)在水力侵蚀区、风力侵蚀区、水力风力侵蚀交错区和水力冻融侵蚀交错区,应收集不少于1个站点的年逐日降水量资料。

(2)在风力侵蚀、水力风力侵蚀交错区和风力冻融侵蚀交错区,应收集不少于1个站点的年逐日整点风速。

2. 土壤资料与径流小区径流泥沙资料

(1)收集不同土壤侵蚀类型区的坡面径流小区观测资料以及代表性地区的土壤理化性质资料,主要用于更新计算土壤可蚀性因子。

(2)可直接收集(或利用)第一次全国水利普查水土保持情况普查中的土壤可蚀性因子计算成果。

3. 基础地理数据

(1)基础地理数据包括数字线划图(DLG)、数字高程模型(DEM)或者地形图等。

(2)对国家级重点治理区水土流失重点监测区域,基础地理数据对应的比例尺应为1∶1万或1∶5万,其他监测区域的比例尺不低于1∶5万。

4. 土地利用数据

收集以县级行政区为单元的全国土地利用年度变更调查数据,主要用于水土流失人为影响因素——土地利用专题数据遥感解译参考及其结果校核。

5. 水土保持重点工程资料

收集国家水土保持重点工程的设计、实施、竣工验收等相关资料,包括工程的类型,实施区域,主要水土保持措施的分布、数量或面积,主要用于水土保持措施遥感解译参考及其结果校核。

6. 生产建设活动扰动资料

收集生产建设活动扰动土地情况相关资料,主要包括正在实施的生产建设活动的项目类型、防治责任范围、扰动土地范围与面积等,主要用于土地利用遥感解译参考与水土流失强度评价分析。

三、监测内容(中华人民共和国水利部,2002)

1. 区域监测内容

(1)不同侵蚀类型(风蚀、水蚀和冻融侵蚀)的面积和强度。

(2)重力侵蚀易发区,对崩塌、滑坡、泥石流等进行典型监测。

(3)典型区水土流失危害监测:①土地生产力下降。②水库、湖泊、河床及输水干渠淤积量。③损坏土地数量。

(4)典型区水土流失防治效果监测:①防治措施数量、质量:包括水土保持工程、生物和耕作等三大措施中各种类型的数量及质量。②防治效果:包括蓄水保土、减少河流泥沙、增加植被覆盖度、增加经济收益和增产粮食等。

2. 中小流域监测内容

(1)不同侵蚀类型的面积、强度、流失量和潜在危险度。

(2)水土流失危害监测:①土地生产力下降。②水库、湖泊和河床淤积量。③损坏土地面积。

(3)水土保持措施数量、质量及效果监测:①防治措施:包括水土保持林、经果林、种草、封山育林(草)、梯田、沟坝地的面积、治沟工程和坡面工程的数量和质量。②防治效果:包括蓄水保土、减沙、植被类型与覆盖度变化、增加经济收益、增产粮食等。

(4)小流域监测增加项目:①小流域特征值:流域长度、宽度、面积,地理位置,海拔高度,地貌类型,土地及耕地的地面坡度组成。②气象:包括年降水量及其年内分布、雨强,年均气温、积温和无霜期。③土地利用:包括土地利用类型及结构、植被类型及覆盖度。④主要灾害:包括干旱、洪涝、沙尘暴等灾害发生次数和造成的危害。⑤水土流失及其防治:包括土壤的类型、厚度、质地及理化性状,水土流失的面积、强度与分布,防治措施类型与数量。⑥社会经济:主要包括人口、劳动力、经济结构和经济收入。⑦改良土壤:治理前后土壤质地、厚度和养分。

3. 开发建设项目监测内容

(1)应通过设立典型观测断面、观测点、观测基准等,对开发建设项目在生产建设和运行初期的水土流失及其防治效果进行监测。

(2)项目建设区水土流失因子监测应包括下列项目:①地形、地貌和水系的变化情况。②建设项目占用地面积、扰动地表面积。③项目挖方、填方数量及面积、弃土、弃石、弃渣量及堆放面积。④项目区林草覆盖度。

(3)水土流失状况监测应包括下列资料:①水土流失面积变化情况。②水土流失量变化情况。③水土流失程度变化情况。④对下游和周边地区造成的危害及其趋势。

(4)水土流失防治效果监测应包括下列项目:①防治措施的数量和质量。②林草措施成活率、保存率、生长情况及覆盖度。③防护工程的稳定性、完好程度和运行情况。④各项防治措施的拦渣保土效果。

四、监测技术与方法

根据监测区域空间尺度大小的不同,水土流失监测内容会有微小差异,主要采用的监测方式也会不同。

(1)区域监测。主要采用遥感监测,加以实地勘察和野外校验,必要时,还应在典型区设立地面监测点进行监测。也可以通过询问、收集资料和抽样调查等获取有关资料(中华人民共和国水利部,2002)。

(2)中小流域监测。小流域监测应采用地面观测方法,同时通过询问、收集资料和抽样调查等获取有关资料。中流域宜采用遥感监测、地理观测和抽样调查等方法(中华人民共和国水利部,2002)。

(3)开发建设项目监测。主要采用定位观测和实地调查方法,也可同时采用遥感监测手段(中华人民共和国水利部,2002)。

(一)地形测量技术(高美丽等,2019)

地形测量技术可以用以判别水土流失和沉积在地形上表现出的细微变化。

1. 三维激光扫描

三维激光扫描系统的工作原理是利用大量高精度点云三维数据,通过发射和接收脉冲激光能够及时将被测物体的彩色三维景观合理的再现。三维激光扫描仪能够清楚地分析出被监测区域土壤侵蚀的基本情况,获得侵蚀量等高线图,再针对于相关的侵蚀信息展开合理的分析,分析坡度与侵蚀面积和体积的关系,解读坡面土壤的侵蚀量,测量精度高。

2. 红外测距仪

红外测距仪能够及时将被监测的对象实际情况加以反馈,如涉及的水平、斜交距离等,在直线生产建设项目中发挥出了较为重要的影响,可以实现较为可观的监测。一般来说,红外测距仪重点是用来合理测量项目的长度和宽度,它还可以测量站点的面积和体积如土地被丢弃的土壤和渣滓等。

(二)核素示踪(李宏伟等,2015)

随着核素分析技术发展,在水土流失监测中核素示踪技术已逐渐成为一种新方法并被广泛使用。目前 ^{137}Cs、$^{210}Pb_{ex}$ 和 ^{7}Be 等应用放射性核素示踪水土流失成为研究热点。在我国,许多学者使用核素示踪技术来研究影响水土流失速率因子,分析流域输沙模数的变化,示踪喀斯特地区水土流失的季节性变化和工程建设弃土弃渣场的水土流失速率。

(三)无人机遥感技术

无人机遥感系统是现代技术运用中诞生的产物,属于第三代遥感平台。通过将其适当地运用起来,能够及时分析出建筑工程水土保持空间信息,在合理进行采集、处理并使用的过程中,完成较为可靠的监测和概括。借助于拥有着高分辨率的遥感图像或无人机监测手段可及时将相关的图像结果加以获取,适当地与地面观测及调查工作相互联系,完成对相关项目的全过程监管,实现全面覆盖的动态化监测(李宏伟等,2015)。

（四）现代原位监测技术

现代原位监测技术不同于径流小区、侵蚀针等传统原位监测，随着现代数据采集、计算机分析技术和数据无线传输技术的发展，已经成为水土流失监测发展的新方向。现代原位监测具有监测数据时效性和完整性的特点，而且能够适应系统化、自动化需求（李宏伟，2015）。

（五）3S 技术（张帆等，2015）

3S 技术是 GIS、RS、GPS 高度有机集成应用的技术。在水土保持监测的内业和外业工作中，可以利用 3S 技术协助监测水土流失影响因子，统计分析监测结果，并根据监测结果帮助相关部门及时科学地预测预报水土流失事件和水土流失灾害。

除 3S 技术之外，还可以使用其他联合监测技术，例如：利用无人机低空遥感技术，可以获取一定区域的大量影像资料，收集到大量数据。之后，通过后期三维数字模型重建，并利用原始地形图转换的三维数字模型叠加，对其开挖量、扰动面积等水土流失数据进行准确的监督监测，可以为工作人员提供翔实的数据资料，更好地提高水土保持监测工作的效率和效果（周辰，2017）。

（六）4D 技术（柳小康等，2019）

4D 技术是指 DEM、DOQ、DRG、DLG 或 DTI 四种数字产品的开发与生产技术，其集合了 3S 技术、数字摄影测量技术，具有精确度高、更新速度快、生产成本低、生产效率高等特点。4D 技术可以提供地形、土壤等地表状况的基地信息，也可以及时发现土壤侵蚀变化和土地利用变化的动态信息，从而为土壤侵蚀预测、流域治理决策提供实时性强、精确度高的科学依据。

（七）自动监测技术（柳小康等，2019）

自动监测技术就是利用自动化设备对水土保持监测点的降雨、径流、泥沙、土壤水分等数据进行自动采集、GPRS 传输、存储和分析。自动化设备实现了高频率的连续采集、艰苦环境下监测和精确观测，大幅提高了动态分析的精度。运用操作简单、性能可靠及自动化程度高的自动监测技术，能够促进水土保持监测的现代化、智能化和信息化。

（八）虚拟现实技术（柳小康等，2019）

虚拟现实或称灵境技术，是综合利用计算机图形系统、各种显示及控制等接口设备，在计算机上生成交互式的三维环境，为用户提供沉浸感觉的一种技术，具有沉浸感、交互感和想象感等特征。通过构建流域的虚拟现实环境发现，虚拟现实景观能真实、直观地反映土壤侵蚀、土地利用和植被覆盖等现状信息，大幅减少水土保持监测中遥感影像分类模版的误差，减少野外调查次数，通过室内飞行浏览观察人类不能到达的区域图像，提高分类精度，从而为水土保持规划和管理部门及时提供现状信息。

五、实例:磨子潭流域水土流失动态监测(王冬,2019)

(一)研究区概况

研究区地处安徽省六安市霍山县磨子潭镇的磨子潭水库,研究区域总面积为570km²。磨子潭水库所处区域具有由暖温带半湿润地区往亚热带湿润区过渡的特征,平均气温维持在14~16℃,年降雨800~1000mm。研究区内怪石嶙峋,土壤呈垂直节理发育,耕作以坡耕地为主,地质地貌属于极易引发水土流失、泥石流、滑坡等灾害的类型,易造成生态环境的严重破坏。1987年安徽省人民政府进行皖西大别山区水土保持规划,规划指出磨子潭为重点水土流失治理及监测区,要求水库上游50%以上集水面积封山育林。

(二)监测方案

该研究基于3S技术,从现有的遥感数据和DEM数据入手,通过相关算法实现水土流失所需要的因子提取,首先建立三因子水土流失评价模型,实现水土流失的快速提取。在此基础上,通过引入土壤可蚀性因子和降雨侵蚀力因子,实现五因子水土流失评价模型的建立,并利用该模型监测研究区5个年份的水土流失及其动态变化,最后对研究区水土流失相关的驱动因子进行分析。详细技术路线如图6-31所示。

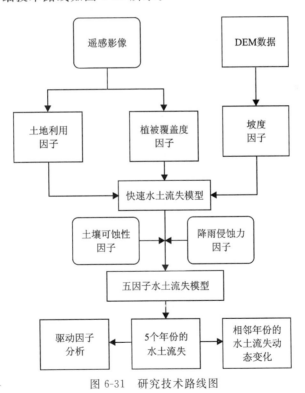

图6-31 研究技术路线图

（三）监测实施和结果

1. 五因子水土流失评价模型

1）土地利用因子提取算法

本次研究通过影像波段组合识别算法来提取土地利用因子。首先对遥感影像进行分割，通过面向对象的方法，对这些像元进行相邻组合，采用多尺度分析的方式得到同质对象，使得分割后的影像能够按照地物提取或分类的要求进行组合；接着依照影像提取或分类的具体要求，通过目标地物的信息特性如纹理、光谱、阴影、形状以及空间位置的分类，达到遥感影像的土地利用信息提取。

根据上述的步骤，实现对磨子潭流域遥感影像的1984年土地利用自动分类。给出分类结果如图6-32所示。

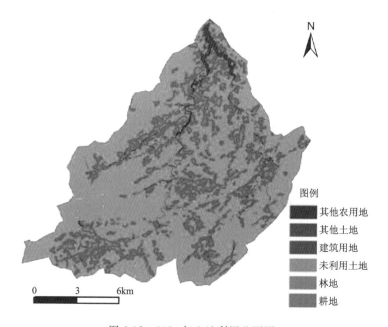

图6-32　1984年土地利用监测图

2）植被覆盖度因子提取算法

植被覆盖度与植被指数本身存在较好的关联性，而我们所采用的遥感数据近红外波段（NIR）和红外段（R）处于绿色植被的强反射光谱区以及植物叶绿素强吸收波段，所以通过归一化植被指数NDVI（Normalized Differential Vegetation Index）来进行反演就可以获得植被覆盖的分级，并建立起像元二分模型来进行植被覆盖度的提取。

对所获取的遥感影像进行NDVI计算，再通过对计算的NDVI进行二值化处理后进行植被覆盖度反演，根据计算的Fc值判断区域内的植被覆盖等级，具体的等级划分如表6-9所列。

表 6-9　植被覆盖等级划分表

Fc/%	等级
<10	裸地
10~30	低覆盖
30~45	中低覆盖
45~60	中覆盖
60~75	中高覆盖
>75	高覆盖

为了保证对研究区域水土流失计算的有效性,需要对所获取的植被覆盖度数据进行准确度的野外验证。最终获得的磨子潭流域 2015 年植被覆盖度如图 6-33 所示。

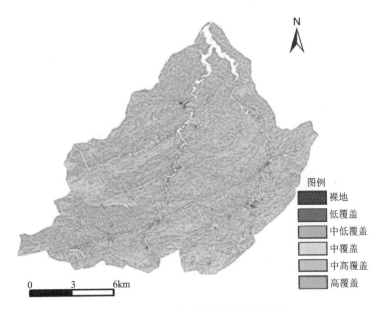

图 6-33　2015 年磨子潭植被覆盖图

3) DEM 因子提取算法

选用三阶反距离平方权差分算法实现 DEM 的坡度提取,提取坡度结果如图 6-34 所示。

4) 降雨侵蚀力因子提取算法

通过对获取的磨子潭流域各点进行回归方程处理,将对应点的经纬度作为自变量,建立回归方程:

$$R = 58\,825.535 + 4.090h - 1.290\,91 \cdot \varphi \cdot \omega$$

式中,h 表示各点对应气象站的海拔高度;φ、ω 分别表示该点的纬度和精度,R 即为该点最终的年降雨侵蚀力因子。

根据上式对磨子潭流域进行计算,得到的 1984 年磨子潭流域年降雨侵蚀力数据如图 6-35 所示。

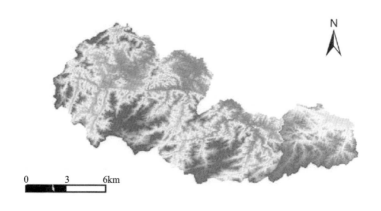

图 6-34 DEM 坡度提取图

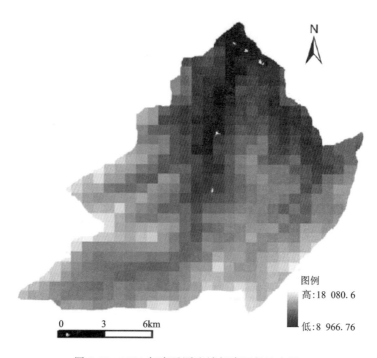

图 6-35 1984 年磨子潭流域年降雨侵蚀力图

5）土壤可蚀性因子提取算法

根据改进的 EPIC 算法，从中国土壤数据库中下载六安市 1984 年的土壤数据分布图，将该图利用研究区的矢量边界进行裁剪，对土壤图当中剖面点的砂粒、粉粒和粘粒采用改进 EPIC 算法进行 K 值计算。

输出研究区磨子潭流域栅格像元大小为 30m×30m 土壤可蚀性图像，依据分类标准将 K 值栅格图重新分类为 6 个等级，用不同颜色表示，图 6-36 为 1984 年磨子潭流域土壤可蚀性 K 值图。

在进行各个等级的分类后，可以知晓，磨子潭流域的较易蚀土、易蚀土以及极易蚀土的比

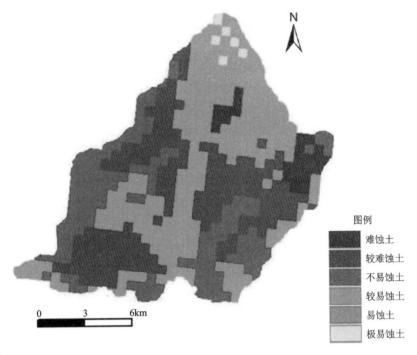

图 6-36　1984 年磨子潭流域土壤可蚀性 K 值图

例接近 40%。从流域的土壤可蚀性 K 因子分布可知，较易蚀土的面积最大为 205.2km²，占比更是达到了最高(36.02%)。因此研究区的土壤属易发生水土流失类型。

6) 五因子水土流失监测结果

本节应用简便 R 值算法计算监测点降雨侵蚀力因子 R，通过回归方程得到降雨侵蚀力 R 值分布图，同时，采用改进的 EPIC 算法与插值法对土壤可蚀性因子 K 进行计算，结合之前所获取的土地利用因子(L)、植被覆盖度因子(C)以及坡度因子(S)组成五因子模型。

$$A_5 = S \times L \times C \times R \times K$$

根据水土流失强度分级标准表，再由上式的五因子水土流失评价模型来获取磨子潭流域的 1984 年的五因子水土流失图，如图 6-37 所示。

2. 磨子潭流域水土流失动态监测

利用五因子水土流失评价模型对磨子潭 30 年来的水土流失动态变化进行监测，其流程如图 6-38 所示。

1) 获取 1984—2015 年磨子潭流域各年份土地利用因子

基于磨子潭流域 1984 年、1992 年、2002 年、2009 年、2015 年的 ETM 遥感影像以及 2015 年高分一号遥感影像，实现土地利用的分类识别。将其分类为其他土地、其他农用地、建设用地、未利用土地、林地和耕地 6 类。获得的 5 个年份土地利用情况，如图 6-39 所示。

2) 获取 1984—2015 年磨子潭流域各年份植被覆盖度因子

对磨子潭流域 1984 年、1992 年、2002 年、2009 年的 ETM 遥感影像以及 2015 年高分一号遥感影像进行植被覆盖反演。具体采用的是像元二分模型改进的 NDVI 算法去除水体,将植被覆盖分类为裸地、低覆盖、中低覆盖、中覆盖、中高覆盖和高覆盖 6 类。获得的 5 个年份的植被覆盖度因子,如图 6-40 所示。

图 6-37　1984 年磨子潭流域五因子水土流失图

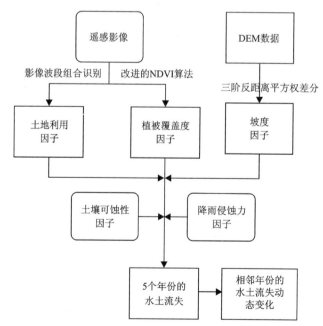

图 6-38　磨子潭水土流失动态变化流程图

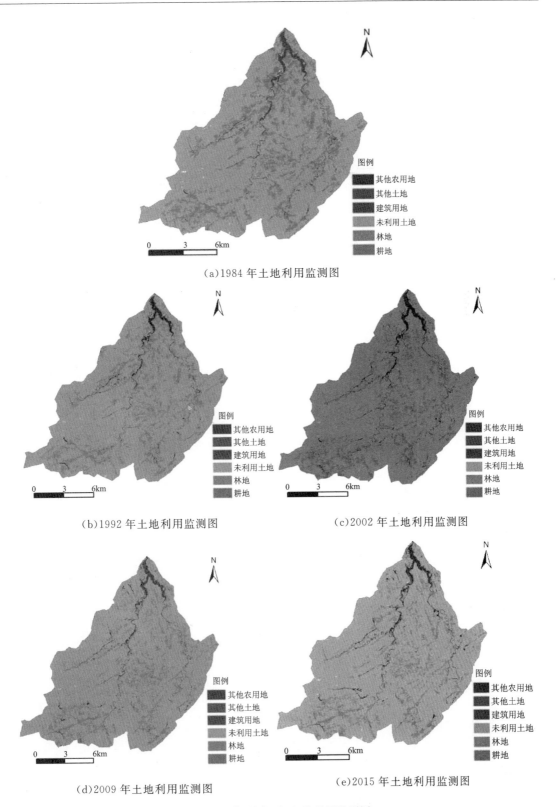

图 6-39 磨子潭 5 年土地利用监测图

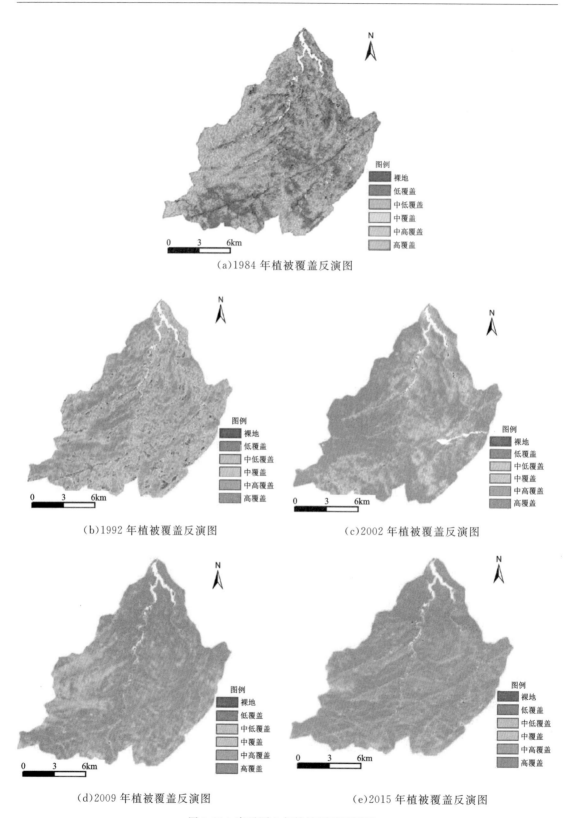

图 6-40 磨子潭 5 年植被覆盖监测图

3)获取 1984—2015 年磨子潭流域各年份水土流失结果

根据获取的土地利用因子、植被覆盖度因子、坡度因子以及获取的降雨侵蚀力因子和土壤可蚀性因子,建立五因子水土流失评价模型,最终得到 5 个年份的水土流失情况,如图 6-41 所示。

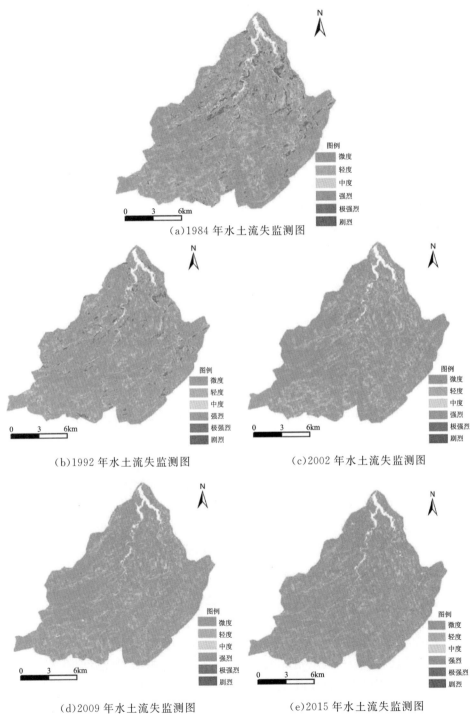

图 6-41 磨子潭 5 年水土流失监测图

水土流失动态的分析能够反映磨子潭流域随时间的水土流失变化情况,也可用于分析水土流失等级之间的转换情况。将相邻年份中度转微度、轻度转微度的部分作为水土流失改善的类型,将中度转强烈、微度转强烈的部分作为水土流失加重的类型。将上述的 4 个不同等级之间的面积转换作为磨子潭流域水土流失的动态变化监测,得到 1984—1992 年、1992—2002 年、2002—2009 年以及 2009—2015 年的水土流失变化图(图 6-42)。

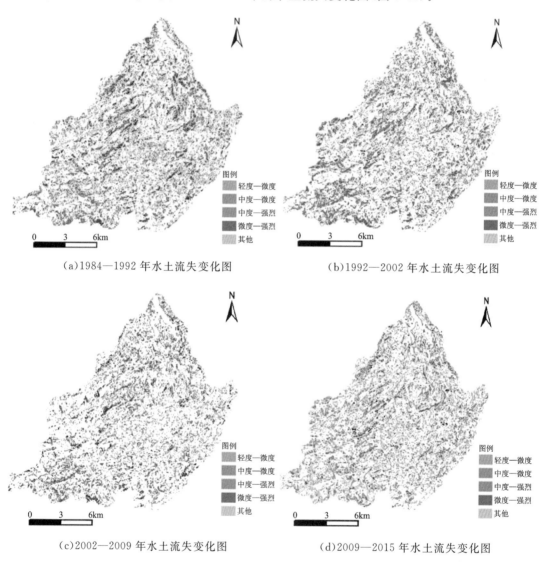

图 6-42　磨子潭 5 年水土流失监测图

根据图 6-42,进入 20 世纪后,磨子潭流域的水土流失改善面积平均每十年间增加 60km² 左右。在中度和微度转换成强烈的情况中,各相邻对比年份的面积总数均不大于 10.5km²,反映出当地水土流失程度正在逐年减轻。

主要参考文献

陈广泉.莱州湾地区海水入侵的影响机制及预警评价研究[D].上海:华东师范大学,2013.

高美丽,杨志华.水土保持监测关键技术研究[J].河南水利与南水北调,2019,48(5):3-4,12.

工程地质手册编委会.工程地质手册[M].北京:中国建筑工业出版社,2018.

国土资源部地质环境司,中国地质环境监测院.地质环境监测技术方法及其应用[M].北京:地质出版社,2014.

侯琳,彭鸿,陈晓荣,等.分层抽样法在路基水土流失监测中的应用[J].水土保持通报,2004(3):37-39.

雷抗.垃圾填埋场地下水污染监测预警技术研究——以天津市某简易垃圾填埋场为例[D].北京:中国地质大学(北京),2018.

李宏伟,田耀金,宋立旺,等.水土流失监测方法研究进展[J].中国人口·资源与环境 2015(A1):393-395.

柳小康,尹金花,李斌.现代技术在水土保持动态监测中的应用[J].中国资源综合利用,2019,37(5):176-178.

庞宇峰.荣成市海水入侵监测及宏观态势预测模拟[D].济南:济南大学,2014.

天津市地质矿产局.天津市区域地质志[M].北京:地质出版社,1992.

王冬.基于3S技术的水土流失动态监测[D].合肥:合肥工业大学,2019.

徐社美,董娜.地下水污染监测部署和工作任务研究[J].地下水,2008(4):63-64,130.

张帆,李建松,余洋,等.3S技术在水土流失动态监测中的应用[J].地理空间信息,2015,13(1):131-133.

赵战坤.利用高密度电阻率探针监测海水入侵研究[D].青岛:中国海洋大学,2012.

中国地质调查局.水文地质手册[M].2版.北京:地质出版社,2012.

中华人民共和国国土资源部.DZ/T 0283—2015 地面沉降调查与监测规范[S].北京:地质出版社,2015.

中华人民共和国水利部.SL 277—2002 水土保持监测技术规程[S].北京:中国水利水电出版社,2002.

周辰.我国水土保持监测技术的发展和应用[J].农村经济与科技,2017(28):3.

第七章 区域性地质环境监测

第一节 城市地质环境监测(陈植华等,2011)

一、监测目标及原则

(一)监测目标

城市地质环境监测工作是为了掌握城市地质环境动态变化特征和规律、预测其发展的趋势,提出预防修复治理意见,最大限度地保护城市地质环境、保障资源的合理开发利用,防灾减灾,促进人与自然和谐发展、经济社会的可持续发展,并满足社会和经济发展对地质环境信息的需求。

(二)监测原则

以"统筹安排、整体控制、科学实施"的原则部署监测工作。
(1)紧密结合城市急需解决的地质环境问题,为其提供地质科学依据。
(2)以面上控制为原则,实现区域性整体控制。
(3)坚持科学性和实用性原则,更好地服务精细化城市管理。

二、监测内容

以遥感数据和地面控制点为基本信息源,获取:①城市土地覆盖类型信息,包括水体、林地、草地、农田、居民地和裸地六大类;②矿山开采现状信息,包括矿山开采情况,对植被、农田等的占用和破坏情况。

三、实例:武汉城市圈地质环境遥感监测

本节以"武汉城市圈地质环境遥感监测"为例,阐述以遥感为监测手段的区域性城市地质环境调查监测方法及设计。

武汉城市圈,又称"1+8"城市圈,是以武汉市为中心,与其周边100km范围内的黄石、鄂州、黄冈、孝感、咸宁、仙桃、潜江、天门8个城市共同构成的区域经济联合体。城市圈位于湖北省东部,处于中国"中部之中",土地面积5.8万km^2,占湖北省总面积的31.1%。城市圈内土地覆盖类型种类多样,以城镇为中心,农田、园地、草地和林地等多呈交叉分布;地貌类型亦丰富多样,平原、岗地、丘陵和山地兼备,大体呈现"两山、两岗、三丘、三原"的格局。

（一）土地覆盖类型遥感监测

1. 土地覆盖类型遥感解译可行性分析

为了满足重点城市1998年、2009年两期土地覆盖类型的遥感监测对比分析，所获取的影像数据分别为10m空间分辨率的1998年SPOT卫星数据（为1998年最高分辨率商业卫星数据），以及2.5m空间分辨率的2009年ALOS遥感数据（表7-1）。（该项工作结束于2010年，自2014年起已可使用GF-2等高清国产遥感数据）

表7-1 SPOT4数据和ALOS数据基本参数表

波段	SPOT4/5		ALOS	
	空间分辨率/m	光谱范围/μm	空间分辨率/m	光谱范围/μm
波段1	20/10	0.43～0.47	10	0.42～0.50
波段2	20/10	0.49～0.61	10	0.52～0.60
波段3	20/10	0.61～0.68	10	0.61～0.69
波段4	20/10	0.78～0.89	10	0.76～0.89
全色	10/2.5	0.49～0.69	2.5	0.52～0.77

为了更加准确地对土地覆盖类型进行遥感解译，以ALOS数据为例，进行数据光谱特征统计分析及特征指数的建立，以确保解译结果的准确性。

1）典型地物光谱特征分析

因为遥感数据具有"同物异谱、同谱异物"的不确定性特征，因此，在进行土地覆盖类型分类时，需要对不同地物类型提取光谱信息，进行特征分析，以保证土地覆盖类型解译的准确性。

根据项目总体要求，将武汉地区地表覆盖类型分为六大类：水体、林地、草地、农田、居民地和裸地。通过人机交互解译，在ALOS遥感影像上选取六大类典型地物，每类地物选取10～30个样本进行分析。

通过对6类土地覆盖类型在ALOS数据土地覆盖类型样本图中进行样本采集分析及数理统计，主要分析其最小值、最大值、平均值和标准差。统计结果如表7-2所示。

表7-2 ALOS遥感数据典型地物光谱统计表

波段	特征值	水体	林地	草地	裸地	农田	居民地
波段1	最小值	145.00	135.00	145.00	142.00	142.00	149.00
	最大值	186.00	169.00	172.00	183.00	188.00	249.00
	平均值	164.57	145.74	156.87	161.65	157.82	189.11
	标准差	6.86	7.29	7.01	10.67	7.61	19.03

续表 7-2

波段	特征值	水体	林地	草地	裸地	农田	居民地
波段2	最小值	100.00	94.00	118.00	106.00	107.00	122.00
	最大值	170.00	155.00	157.00	179.00	173.00	255.00
	平均值	132.11	109.71	132.04	141.07	129.98	167.62
	标准差	13.54	9.68	9.57	18.50	9.80	27.59
波段3	最小值	74.00	66.00	87.00	77.00	81.00	97.00
	最大值	157.00	151.00	132.00	196.00	173.00	255.00
	平均值	105.54	80.26	103.40	141.53	109.81	158.94
	标准差	16.58	10.12	11.29	32.36	15.53	36.75
波段4	最小值	43.00	70.00	73.00	104.00	65.00	61.00
	最大值	153.00	196.00	175.00	158.00	185.00	220.00
	平均值	62.21	137.91	136.67	125.19	107.78	125.15
	标准差	8.90	17.29	22.29	7.83	18.81	24.55

2)特征指数分析

(1)NDVI 指数。

归一化植被指数(Normalized Difference Vegetation Index,NDVI),又称标准化植被指数,它是植物生长状态以及植被空间分布密度的最佳指示因子,与植被分布密度呈线性相关。实验表明,NDVI 对土壤背景的变化较为敏感,它是单位像元内的植被类型、覆盖形态、生长状况等的综合反映,其大小取决于植被覆盖度和叶面积指数等要素;NDVI 对植被覆盖度的检测幅度较宽,有较好的时相和空间适应性。

NDVI 指数是根据植被在近红外波段($B_{近红外}$)的强吸收和可见光红波段($B_{红}$)的强反射的差异,通过 $B_{近红外}$ 与 $B_{红}$ 的植被灰度值之差与之和的比值实现。

NDVI 计算公式为:

$$\mathrm{NDVI}=(B_{近红外}-B_{红})/(B_{近红外}+B_{红})$$

根据光谱特征分析,ALOS 遥感数据的近红外波段为第四波段,可见光红光波段为第三波段,因此,ALOS 遥感数据的 NDVI 指数计算公式为:

$$\mathrm{NDVI}=(\mathrm{band3}-\mathrm{band4})/(\mathrm{band3}+\mathrm{band4})$$

通过 ENVI 比值运算功能,实现 NDVI 指数计算公式,得到工作区的 NDVI 指数图,并通过统计典型地物的 NDVI 值的特征值,包括最小值、最大值、平均值和标准差,得到统计结果如表 7-3 所示。

表 7-3 ALOS 遥感数据典型地物 NDVI 指数统计表

特征值	水体	林地	草地	裸地	农田	居民地
最小值	−0.46	−0.19	−0.15	−0.19	−0.25	−0.31
最大值	0.30	0.44	0.29	0.33	0.35	0.17
平均值	−0.25	0.26	0.13	−0.05	−0.01	−0.12
标准差	0.09	0.08	0.10	0.13	0.13	0.07

(2)NDWI 指数。

归一化差异水体指数(Normalized Difference Vegetation Index,NDWI)由 Mcfeeters 于 1996 年提出,是比值指数经过归一化处理,使其数值范围归一化到 −1～1 之间的结果。由于水体的反射从可见光到中红外波段逐渐减弱,在近红外和中红外波长范围内吸收性最强,几乎无反射,因此用可见光波段和近红外波段的反差构成的 NDWI 可以突出影像中的水体信息。另外由于植被在近红外波段的反射率一般最强,固此采用绿光波段($B_{绿}$)与近红外波段($B_{近红外}$)的比值可以最大程度地抑制植被的信息,从而达到突出水体信息的目的。

NDWI 的计算公式为:
$$NDWI=(B_{绿}-B_{近红外})/(B_{绿}+B_{近红外})$$

在 ALOS 影像中,Green、NIR 分别对应第二波段和第四波段。构建研究区 NDWI 指数影像。

根据光谱特征分析,ALOS 遥感数据的近红外波段为第四波段,可见光绿光波段为第二波段,因此,ALOS 遥感数据的 NDVI 指数计算公式为:
$$NDWI=(band2-band4)/(band2+band4)$$

通过 ENVI 比值运算功能,实现 NDWI 指数计算公式,得到工作区的 NDWI 指数图,并通过统计典型地物的 NDWI 值的特征值,包括最小值、最大值、平均值和标准差,得到统计结果如表 7-4 所示。其中水体和林地与其他地物区别明显,除水体林地外,草地和有作物农田为负值,其他为正值。

表 7-4 ALOS 遥感数据典型地物 NDWI 指数统计表

特征值	水体	林地	草地	裸地	农田	居民地
最小值	−0.15	−0.28	−0.13	−0.18	−0.19	−0.05
最大值	0.51	0.27	0.27	0.19	0.34	0.40
平均值	0.36	−0.11	−0.01	0.06	0.10	0.15
标准差	0.07	0.07	0.09	0.07	0.10	0.05

因此,为区分草地、农田和裸地,需引入 NDVI 和 NDWI 特征指数,分别对林地和草地,水体和居民地等进行辅助决策树分类,提高自动解译的精度。

2. 土地覆盖类型解译标志的建立

依据土地覆盖类型分类标准,将土地覆盖类型分为六大类:包括林地、农田、草地、裸地、居民地和水系。根据原始遥感图及野外踏勘资料,分别结合 ALOS 遥感数据和 SPOT4 遥感数据,建立各类土地覆盖类型遥感解译标志,其特征如表 7-5 所示。

表 7-5　ALOS 及 SPOT4 遥感数据土地覆盖类型遥感解译标志特征表

解译地类		解译标志
农田	水田	蓝色,黄色,局部粉红色,呈块状、斑块状,边界较清晰,多分布在山前洪积平原、河流、冲积平原、村庄附近、河溪两侧,部分分布在山间洼地、谷地、沟谷地中,如图 7-1 所示
	旱田	淡黄色、绿色、黄色、粉红色、紫色、灰青色、草黄色,斑杂状、不规则斑块状、块状,多分布在低山陵地带,如图 7-2 所示
林地		草绿色、青绿色,颜色较均匀,表面较平滑、细腻,不规则块状、斑块状,边界隐晦,多分布在中山、低山、丘陵地带,如图 7-3 所示
草地		浅青色、浅绿色,有时夹粉色、粉红色,斑杂状,边界隐晦,多分布在河流两侧或坡地、洼地、低山、中山、丘陵以及城市周围等地带
居民地	城市居民用地	紫色、粉红色,不规则块状,规模较大,边界一般较清晰,局部隐晦,多有公路相通,多分布在平原、河流附近或岸边,如图 7-4 所示
	农村居民用地	黑色、土黄色、紫红色、浅紫色,局部粉红色,斑块状、斑点状,规模较小,边界较隐晦,有时见有公路、乡村道路相通,多分布在平原、盆地或沟谷中
裸地		草绿色、黄绿色、青绿色、粉红色、紫色等,呈花生壳状,边界较隐晦。多分布在岩溶峰丛、峰林地区
水系	河流	青蓝色、深蓝色为主,线状、条带状,宽窄不等,边界清晰,弯弯曲曲,延伸远,沿岸多有树枝、小河流、溪流注入,如图 7-5 所示
	湖泊、水库	浅绿色、深蓝色、浅蓝色,不规则团块状、鸡爪状,或姜块状,边界清晰,如图 7-6 所示

由于本次解译中所用到的武汉地区两期影像所属的性质都有所不同,既有 SPOT4 也有 ALOS 影像,故解译标志也会有差别。图 7-1~图 7-6 是各个影像的不同地表覆盖类型的示意图。

图 7-1　2009 年 ALOS 影像农田(军山镇洪北医院)和林地(江夏区山脚刘)解译标志

图 7-2　2009 年 ALOS 影像草地（洪山区袁家墩）和裸地（洪山区殷吴村）解译标志

 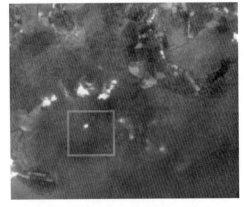

图 7-3　2009 年 ALOS 影像居民地（武昌区中山路）和水体（梁子湖）解译标志

 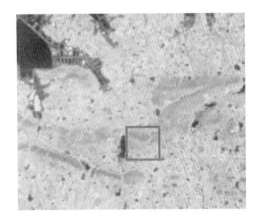

图 7-4　1998 年 SPOT4 影像农田（军山镇洪北医院）和林地（江夏区摇橹湾）解译标志

 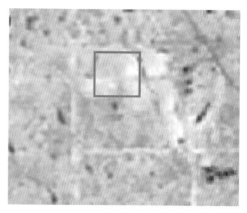

图 7-5　1998 年 SPOT4 影像草地（青菱乡邬家墩）和裸地（武黄高速杨家庙）解译标志

图 7-6　1998 年 SPOT4 影像居民地（武昌区武珞路）和水体（长江汉阳区）解译标志

3. 土地覆盖类型的解译方法及结果修正

1）专家知识的决策树分类

按照利用图像要素的不同，影像分类大体可以分为 3 种：一是基于图像灰度值的分类；二是基于图像纹理的分类；三是基于多源信息融合的分类。通过对分类方法的对比研究，发现目前进行分类的主要方法有 3 种，分别是非监督分类、监督分类和专家知识的决策树分类，各种方法的优缺点详见表 7-6。

表 7-6　土地覆盖类型遥感解译方法对比

分类方法	优点	缺点
非监督分类	工作量小，易于实现，分类效果较好	难确定初始化条件，很难确定全局最优分类中心和类别个数，很难融合地学专家知识
监督分类	有先验知识作为指导，分类较为准确	工作量大，效率低，人工误差严重，分类结果精度较差，有大量的同谱异物或者同物异谱现象发生

续表 7-6

分类方法	优点	缺点
专家知识的决策树分类	分类规则易于理解,分类过程也符合人的认知过程	需要其他数据分析,同时需要专家进行总结分析,并且运用数学统计和归纳方法实现分类规则的区分,工作量大,需要基础数据多

通过以上分析,选取专家知识的决策树分类方法,并利用 NDVI 指数和 NDWI 指数,结合高分辨率数据的纹理特征信息进行土地覆盖类型的遥感解译。

2)目视修正

通过对以上的 ALOS 和 SPOT4 影像的光谱信息进行分析得出,影像图中的水体和林地、居民地可以很好地区分开来,但是有作物农田和无作物农田分别容易和草地、裸地相混淆,无法很好地利用决策树或是监督分类的方法进行分别提取,其光谱值域互相混淆,所以对于农田和草地、裸地的提取,应采用决策树分类与非监督分类相结合的原理,同时结合目视解译和野外验证的方法,共同对以上信息进行提取,使所得结果的准确性能够得以保障。

4. 土地覆盖类型结果评价及分析

为了对完成的土地覆盖类型遥感解译结果的正确性进行分析,需要在对比分析前进行精度评价,以保证分析数据的准确性和分析结果的可信性。

1)精度评价

在工作区内随机选取 300 个样点建立混淆矩阵,以目视解译结果为依据,确定每个样点的实际类别,计算分类精度。从精度评价结果看,林地、水体及居民地信息提取效果较好,达 96% 以上;草地、农田次之;裸地提取效果相对较差,主要是裸地和部分为种植作物的农田光谱特征相似且交错分布,图斑相对破碎,难以精确提取。总体上精度达 94%,满足实际应用需求。

2)结果分析

通过决策树分类及目视解译修正,分别完成了 1998 年和 2009 年武汉市土地覆盖类型遥感解译图(图 7-7、图 7-8),获取了 1998 年和 2009 年武汉市土地覆盖类型的数据,统计结果如图 7-9 所示。

由以上数据分析可知,武汉市的居民地和裸地呈增加趋势,而水体、农田、草地和林地均呈减少趋势。通过实地调查和分析,武汉市居民地增加主要是因城市发展,进行居民地建设占用了农田、草地和林地,以及武汉市城区填湖建房等,占用了部分水体;而大片的裸地增加主要是城市建设中,部分房地产开发商或者工厂厂房建设时圈地造成的裸地增加,其主要为潜在居民地建设的增加量。

(二)矿山开采现状遥感监测

以黄石市某典型铜矿区为例,采用高分辨率遥感影像 QuickBird 和 WorldView2,准确获取矿山占用土地历史数据及现状,并进行对比分析。矿山地表辅助设施包括矿山建筑物、露采坑、尾矿库、废石堆和矿山道路等,而此次遥感解译主要是获取露采坑、尾矿库和废石堆等主要区域的分布特征和信息。

为了准确解译矿山环境,在进行野外踏勘基础上,建立解译标志,采用人机交互目视解译方法,确定矿区的位置及面积大小。

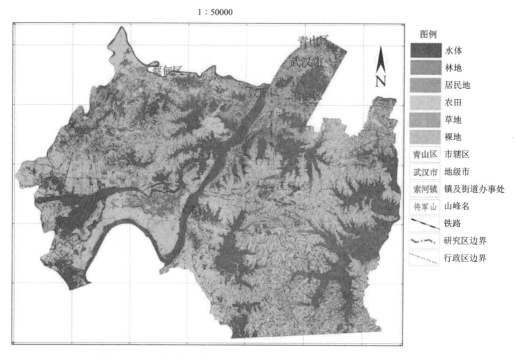

图 7-7 1998 年武汉市 SPOT 数据土地覆盖类型解译结果图

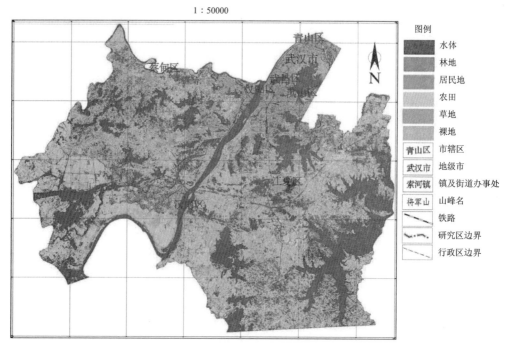

图 7-8 2009 年武汉市 ALOS 数据土地覆盖类型解译结果图

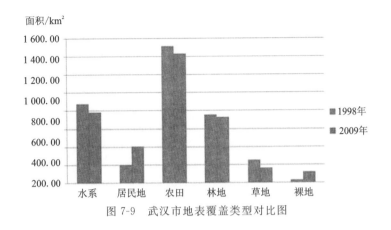

图 7-9　武汉市地表覆盖类型对比图

1. 遥感解译标志

露采坑、尾矿库和废石堆等在 0.5m 空间分辨率的 WorldView2 遥感影像上地物特征非常明显。露采区一般以金属矿露采坑和石灰岩的露采区为主，其遥感影像特征表现为：开采区亮度较大、外部或者四周有环形公路、形状不规则，石灰岩矿依山开采，如图 7-10 所示。

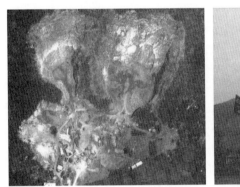 

图 7-10　矿区露采坑遥感影像图及野外验证照片

尾矿库用来堆积矿渣，其规模大小不等，大多都依水而填。尾矿堆积区与开采区相比，颜色相对较暗，形状相对较规则，一般大型尾矿库外部修有很规则的挡墙，尾矿库中常有积水，如图 7-11 所示。

图 7-11　矿区尾矿库遥感影像图及野外验证照片

露天矿的矿石堆场一般在开采区附近,规模较大,位置随工作面的变化而变化,颜色相对较暗,在遥感影像上特征明显,如图 7-12 所示。

图 7-12　矿区矿石堆场遥感影像图及野外验证照片

2. 开采现状遥感监测结果

该矿区以露采坑为主,其分布特征如图 7-13 所示,根据遥感监测结果,2003—2009 年该矿区的露采坑面积基本不变。

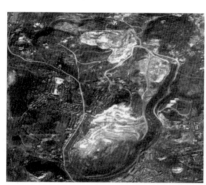

图 7-13　2003 年(左)与 2009 年(右)矿区露采坑

通过人机交互目视解译,另可得到该矿区 2009 年的尾矿库、废石堆和露采场的分布区域及面积,如图 7-14 所示。

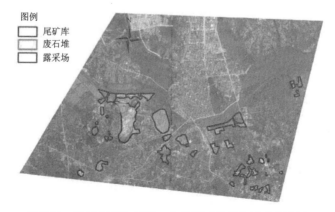

图 7-14　2009 年 WorldView2 矿区开采现状遥感监测图

根据遥感监测结果,在 2009 年影像上(图 7-13)露采坑的中西部位区域,高亮地区有所增强,表明该区域的人类工程活动增强,又因为 2009 年此处为废石堆堆放地,所以可见 2003—2009 年间此处废石堆堆放活动一直在加强。图 7-15 为 2009 年矿区废渣堆遥感监测图。

图 7-15　矿区废渣堆遥感影像图

通过遥感监测,还可获取 2003 年和 2009 年的矿区露采坑、尾矿库和废石堆的面积、分布空间及变化情况;进一步掌握矿区开采现状及其发展变化趋势,为矿山地质环境治理提供准确的数据支撑。矿区变化如图 7-16 所示。

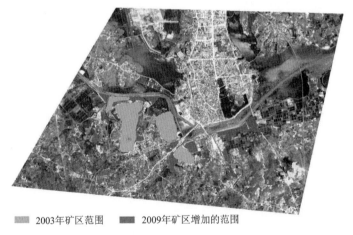

■ 2003年矿区范围　■ 2009年矿区增加的范围

图 7-16　2003—2009 年矿区矿山面积变化图

第二节　矿山地质环境监测(周建伟等,2013;柴波等,2017)

一、监测目标及原则

(一)监测目标

通过在矿山地质环境治理工程区布设科学合理的地质环境监测网,选择典型的监测剖面及监测点,采用科学有效的监测方法,对矿区地面塌陷变形、水土环境和治理工程效果等进行监测,监测有无大范围地面塌陷和地裂缝等地质环境问题发生的可能性,监测水土环境受采矿作用的影响程度以及矿山地质环境治理工程的实施效果,并以此为基础进行进一步的分析和研究,指导矿山地质环境治理工程,达到防患于未然的目的,从而服务社会经济的可持续发展。

(二)监测原则

(1)突出"以人为本"思想,坚持统筹兼顾、突出重点的原则:优先监测对当地居民有重大隐患的矿山地质灾害隐患点和水体严重污染区域。

(2)区域监测与专项监测相结合的原则:区域监测网用于控制矿区整体情况,进行长期监测;专项监测点根据勘查工作需要进行布设,进行长期监测。

(3)整体性原则:监测工程必须坚持整体性原则,打破单体矿区分割监测的状态,从威胁和影响居民正常生活的矿山地质环境问题总体分布的角度部署各项监测措施,保证监测的完整性和科学性。

(4)可操作性原则:监测工程应该以治理目标为指导,监测方案及监测设备必须遵循实用、技术可行、可操作性强的原则,充分利用相对成熟的技术和方法。

(5)分期、分区监测原则:通常矿山地质环境破坏严重,治理范围大,且治理资金有限,同时启动整个矿区地质环境监测工程困难较大。监测工程布置要结合矿区地质环境条件的特点,采取分期、分区治理的模式,以提高治理工程的有效性和经济性。

二、监测内容与方法

(一)监测内容

在矿山地质环境问题调查的基础上,布置合理科学的监测方案,对矿区矿山地质环境问题的参数和水土环境进行监测,掌握矿区的地质环境变化规律,检验矿山地质环境治理工程效果。主要包括采空区塌陷坑的地表水平位移和竖直位移监测,建(构)筑物开裂变形监测,地表水水质、水位、流速等监测,地下水水质和水位动态监测,土壤物理、生物、化学指标监测,绿化区植被生长特征、植被覆盖情况监测,治理工程质量和效果监测等。

(二)监测方法

主要利用 GPS 监测、全站仪测量、水位监测、卫星影像、样品采集、测试试验等监测方法,对采空区地面塌陷、建(构)筑物变形破坏、地表水和地下水水环境、土壤质量、绿化工程、治理工程进行监测。

1. 采空区地面塌陷监测

1)主要任务

对已经进入不稳定状态的潜在地面塌陷区和塌陷治理区进行监测,监测垂向、水平塌陷变形和宏观拉裂变形等,分析预测塌陷区的稳定性,指导防灾预警工作,为后期各项治理和建设工作提供可靠依据。

2)监测内容

(1)地面垂向和水平变形监测:对采空地面塌陷区在垂直和水平方向上变形趋势、变形速率和形变量进行全面监测。

(2)宏观变形迹象监测:对采空地面塌陷监测区地表建筑物、土石和植被等宏观物体的形变进行监测。

3)监测网(剖面)布设原则

(1)监测区地表观测点常布设几条剖面观测线,通常是沿采空区大体走向布设,监测点宜设计成网状。

(2)监测网(剖面)的布设应同时结合监测区已存在的实际界线或地形地物特征,如地形地貌、地质界线、建筑布局以及道路设施等。

(3)监测剖面应充分利用勘查工程的钻孔、平洞、竖井布设深部监测,尽量构成立体监测剖面。

(4)监测剖面上要布置成拥有绝对位移、相对位移、水位监测等多手段、多参数、多层次的综合立体监测剖面,达到互相验证、补充和进行综合评判的目的。

(5)监测剖面是监测网的重要组成部分,每条监测剖面要控制一个主要变形方向,主监测剖面原则上要求与主勘查剖面重合。

(6)监测剖面的功能分析。监测剖面布设后,应结合地质结构、成因机制、变形特征,分析该剖面上全部监测点的功能并予以综合。

4)监测点的布设原则

(1)选取危险性大,稳定性差,成灾概率高,灾情严重的,对集镇、村庄、工矿及重要居民点人民的生命安全构成威胁的,可能造成严重经济损失的或威胁公路、铁路等重要设施的点。

(2)监测点的布设首先应考虑勘查点的利用与对应。勘查点查明地质功能后,监测点则应表征其变形特征。

(3)每个监测点应有自己独立的监测功能和预报功能,应充分发挥每个监测点的功效。

(4)监测点不要求平均分布,对于已出现塌陷变形区域,应尽可能多设。

(5)GPS监测点的选择除了应满足GPS监测网络规划的要求外,具体各点的确定还应根据《全球定位系统(GPS)测量规范》(GB/T 18314—2001)对GPS点选取的具体要求。

5)监测方法

进行地面塌陷监测有多种成熟的技术手段可采用,各种手段有其特点和优缺点(表7-7)。要和监测区实地情况相结合,选用符合当地实际情况的技术手段。

表7-7 监测仪器对比分析表

监测方法	适用情况	优点	缺点	初期投入	运行费用	自动遥测
GPS地表变形监测	能够接收到足够的GPS卫星信号	不要求通视,可进行全天候观测	受周围环境影响	高	中	可

续表 7-7

监测方法	适用情况	优点	缺点	初期投入	运行费用	自动遥测
全站仪地表变形监测	必须有光学通视,必须要有可见光,而且光线不能太弱	高精度,适应性强	属于近距离测量	中	中	否
水准仪地表沉降监测	需具备通视条件,距离不能太远	精度高,可达毫米级	长距离引测控制点影响监测精度	低	中	否
近景摄影仪	适用于危险地形、地物的作业,适用于测量测点众多的目标	非接触,高度自动化	对控制点的数量及分布要求较高	高	中	否
激光扫描仪	适用于危险地形、地物的作业,适用于测量测点众多的目标	非接触,高精度,数据采集效率高	数据采集时前后景物相互遮蔽	昂贵	中	可
InSAR 监测	植被相对少的地区	可大面积监测	受天气及地形影响	高	低	可

2. 建(构)筑物变形监测工程

1)监测任务

对因地面采空塌陷导致的建(构)筑物变形进行监测,便于随时掌握建(构)筑物的破坏程度,出现异常情况时,及时加固、维修或及时预警并组织人员撤离。

2)监测内容

根据地面塌陷和地裂缝的发育和分布,对受其影响的建(构)筑物的拉裂、倾斜等变形破坏情况进行实时监测。

3)监测点布设原则

(1)监测点应主要分布在监测区内的村庄、社区、铁路、公路、河堤和输电线路等处。

(2)监测点主要应以已经查明建(构)筑物变形点作为重点监测对象。

(3)建(构)筑物密集发生区,监测应尽可能多设。对重要建筑或部位,应重点控制,适当增加监测点和监测手段。

(4)对拟拆迁但还未拆迁的房屋也要进行实时监测,以防止在拆迁前变形继续发展而危害居民人身财产安全。

(5)监测点布设时应尽量避开容易受到破坏的区域,保证监测设备安全。

4）建（构）筑物变形监测方法

可选用在裂缝处用直尺直接测量、安装裂缝报警器或测斜仪、预留固定点测量坐标高程变化等方法进行监测。

3. 地表水监测工程

1）主要任务

收集相关水文资料及已有的地表水监测数据；根据区域水文现状和已查明的矿区基本情况，再结合治理区水系流向及纳污水体的有关功能要求，进行矿区地表水监测点的布设，实现地表水监测。

2）监测内容

地表水水质、水位、流速等监测。

3）监测点布设原则

（1）监测断面及监测点在总体和宏观上须能反映水系或所在区域的水环境质量状况。

（2）各监测点的具体位置须能反映所在区域环境的污染特征。

（3）力求以较少的监测断面和监测点获取最具代表性的样品，全面、真实、客观地反映该区域水环境质量及污染物的时空分布状况与特征。

4）监测方法

水质监测通过采取水样，对其化学成分进行监测，重点对污染组分进行检测。根据监测项目选取原则，地表水水质监测具体项目包括：

（1）简分析项目包括 K^+、Na^+、Ca^{2+}、Mg^{2+}、CO_3^{2-}、HCO_3^-、SO_4^{2-}、Cl^-、矿化度、离子总量、pH 值、水温、溶解氧、氧化还原电位、电导率、总硬度、总碱度、味、嗅、色度、透明度、氟化物。

（2）全分析项目包括简分析项目以及碘、氨氮、高锰酸盐指数、生化需氧量、硝酸盐氮、氰化物、砷化物、汞、挥发酚、六价铬、铁、磷、铜、铅、锌、镉、饮用水增加大肠杆菌和细菌总数。

4. 地下水监测工程

1）监测任务

对地下水水质状况进行监测，查明治理区煤炭矿山开采对矿区及周边区域地下水水质的影响及其变化趋势；同时对监测区地下水水位开展监测，为分析矿区地面塌陷变形及地裂缝成因及变化趋势提供相关资料及依据。

2）监测内容

主要监测地下水污染的情况和矿区水均衡变化情况。

3）监测点（断面）布设原则

地下水监测采样点（断面）布设应符合以下原则：

（1）根据地下水类型分区与开采强度分区，以主要开采层为主布设，兼顾深层地下水。

（2）地下水监测点布设应根据地下水流向，已有井孔分布情况进行布设。

（3）力求以较少的监测断面和测点获取最具代表性的样品，全面、真实、客观地反映该区域水环境质量及污染物的时空分布状况与特征。

(4)采样井布设密度为主要供水区密,一般地区稀;污染严重区密,非污染区稀。

(5)尽可能从经常使用的民井、生产井以及泉水中选择布设水质基本监测井站。

4)监测方法

水质监测方法,通过从钻孔、机民井等中采取水样,对其化学成分进行监测,重点对污染组分进行检测。具体测试指标同地表水监测。

水位监测通过钻孔、机民井等,进行各类各层地下水位监测;水位监测井同时也进行水量的监测。

5. 土壤监测工程

1)监测任务

对监测区土壤污染、土壤侵蚀与肥分流失情况进行监测,查明矿山开采对农田土壤的影响及其变化趋势。

2)监测内容

主要监测内容为土壤质量、土壤含水率、土壤侵蚀与肥力迁移情况。

3)监测点布设原则

(1)合理划分采样单元。在进行土壤监测时往往面积比较大,需要划分成若干个采样单元,同时在不受污染影响的地方选择对照采样单元,同一单元的差别要尽量减小。

(2)对于土壤污染监测坚持哪里有污染就在哪布点,优先布置在污染严重、影响农业生产活动的地方。

(3)采样点不应设在田边、沟边、路边、肥堆边以及水土流失严重和表层土被破坏的地方。

4)监测方法

通过采取土样,对其化学成分进行监测,重点对污染组分进行检测。具体分析方法是采用重量法、容重法、分光光度法、原子吸收法和色谱法等对土壤的物理指标(水分、孔隙度、容重和温度等)、化学指标(pH 值、硫酸根、硝酸根、重金属、氟化物等)进行检测分析。采用 MODIS 多光谱数据对治理区土壤污染物的提取和污染物的分布范围及污染程度进行精确的评估。土壤含水率采用便携式土壤水分测量仪现场测定。取样、检测方法按《土壤环境监测技术规范》(HJ/T 166—2004)、《土壤环境质量标准》(GB 15618—1995)等相关规范要求执行。

6. 治理效果监测

1)监测任务

通过监测手段进行治理工程变形监测,以及通过遥感监测绿化工程情况,验证治理效果,为后续治理工程提供相关的依据。

2)监测内容

采用标桩法对边坡侵蚀速度进行监测,通过对监测区内观测点的位移和沉降进行监测来监测挡墙等治理工程变形破坏情况;通过遥感影像数据分析来监测绿化工程情况。

3) 监测点布设原则

岸坡侵蚀监测点布设应符合以下原则：

(1) 合理划分采样单元，选取体表性点进行监测。由于监测区边坡面积较大，需要划分成若干个采样单元，并对有代表性的区域进行取点监测。

(2) 采样点不应设在水土流失严重和表层土被破坏的地方。

治理工程和绿化监测布设以工程全区、全面监测为原则。

4) 监测方法

按《水土保持监测技术规程》(SL 277—2002) 相关要求采用标桩法进行监测。每次暴雨后和汛期终了以及时段末，观测钉帽线记号离地面高度，计算土壤侵蚀厚度和土壤侵蚀量。

采用测角交会、测边交会或全站仪极坐标法，同时对监测区内的三维坐标进行变形监测。

选取高空间分辨率遥感数据，进行分析处理，对监测区植被特征、土地退化特征识别、煤矸石堆放等活动进行调查监测。

三、实例：山东省邹城市太平采煤区监测工程

本节以"山东省邹城市太平采煤区监测工程"为例，阐明矿山地质环境监测工程实施情况。山东省邹城市太平采煤区位于山东省邹城市，整个监测区总面积 14.97km²。监测工程共设计部署的单项监测工程为采空区地面塌陷监测工程、构(建)筑物变形监测工程、地表水监测工程、地下水监测工程、土壤监测工程、治理效果监测工程。监测周期 10 年。

(一) 采空区地面塌陷监测工程

1. 监测网点的布设

根据监测矿区的煤层产状和巷道分布情况，监测网(剖面)布设成网状，主剖面沿矿体倾向和走向布设，以主要村庄作为主要保护点，剖面尽量保证穿越村庄；在主剖面的基础上，沿主要道路布设辅助监测剖面。监测区地面塌陷监测网布置如图 7-17 所示。

根据监测点布设原则及要求，结合监测区实际情况，在监测区内布设 53 个位移监测点，17 个 GPS 监测点，2 个基准点。监测点分布见图 7-17。

2. 监测方法

根据监测区实际情况，地面塌陷采用两种手段进行监测。针对监测区区域地面塌陷，采用全球卫星定位(GPS)手段进行监测，观察监测区整体的地面塌陷情况。对于居民聚集区、塌陷坑周边区域采用全站仪＋铟钢尺监测的手段进行监测。

3. 监测周期

首年度区域塌陷变形 GPS 基准网监测每月监测一次，此后每季度监测一次。

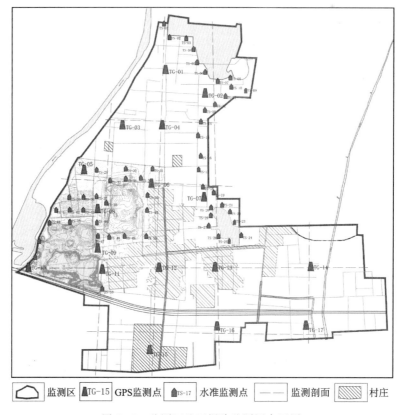

图 7-17 监测区地面塌陷监测网布置图

(二)建(构)筑物变形监测工程

1. 监测点的布设

监测区内主要的人口和房屋均集中在邢村,在此共布设建(构)筑物变形监测点 28 个(图 7-18),分布在邢村各主要房屋开裂点。

2. 监测方法

监测区房屋拉裂监测方法是在裂缝处安装裂缝报警器并进行量测。

3. 监测周期及频次

建(构)筑物变形监测的周期应视裂缝发展的速度而定。首年度监测每月监测 1 次;当裂缝水平位移无明显变化时,每年平均监测 4 次;当雨季或发现裂缝加大时,酌情增加观测次数,监测频率根据房屋裂缝的实际变化情况确定。

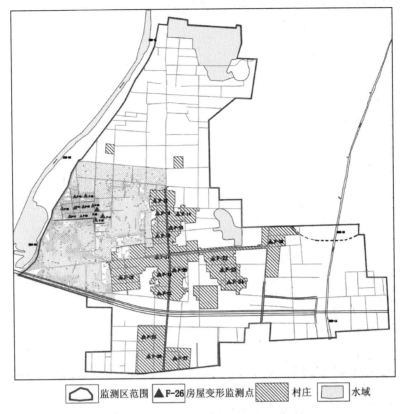

| 监测区范围 | ▲F-26 房屋变形监测点 | 村庄 | 水域 |

图 7-18 建(构)筑物变形监测工程部署图

(三)地表水监测工程

1. 监测点(断面)选择及布设

根据太平采煤区水文气象条件以及监测区的水系分布情况,共布设 14 个监测点,进行地表水水质和水位的监测。

根据太平采煤区的水系特征,以及充分考虑监测区内可能存在的生活和工业污水来源,在泗河上、下游分别布设 3 个监测点,白马河布设 2 个,并在监测区内针对可能的排污,在塌陷坑内各布设 9 个点,监测点布设见图 7-19。

2. 监测方法

采用取样进行测试试验的方法进行地表水水质监测(必要时进行现场测试),采取直立式水尺对地表水位进行定期监测。样品分析方法的选用应根据样品类型、污染物含量以及方法适用范围等确定。

3. 采样频次

监测频次及时间为单月各进行一次,一年共 6 次。地表水位监测频次为 1 次/月,每年 12

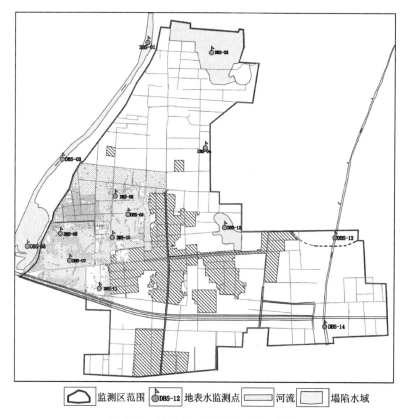

图 7-19 地表水环境监测工程部署图

次。汛期或降雨后按现场条件进行加密测量。

(四)地下水监测工程

1. 监测点(断面)选择及布设

根据监测区水文地质条件、气候特征,以及调查的民井、生产井、钻孔情况,共布设 20 个水文监测井,同时用于监测水质水位。

结合太平采煤区地下水主要开采区的分布情况,由于当地地下水主要用于灌溉农田,生活主要用自来水,故农田区为地下水水质重点监测区,监测点分布较密集,其他区域相对稀疏。并根据矿区的水文地质条件、气候条件以及矿区各种井的实际情况,地下水流向,在监测区内布有 20 个地下水监测点,随时监测地下水质水位动态,监测点布设见图 7-20。

2. 监测方法

采用取样进行测试试验的方法进行地下水水质监测(必要时进行现场测试)。测试指标同地表水水质监测。地下水水位监测主要采用在钻孔内安装地下水位自动监测仪进行监测。

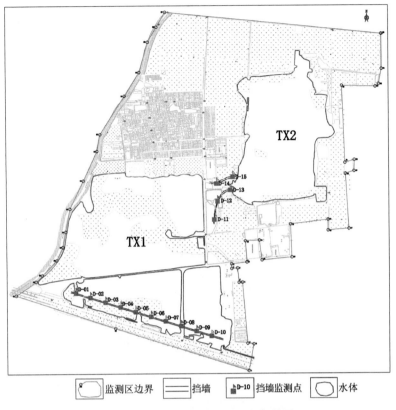

图 7-20　地下水环境监测工程部署图

3. 监测频次

深层地下水水位监测频次为每 5 天 1 次,浅层地下水监测频次为每月 1 次。

（五）土壤监测工程

1. 监测点选择及布设

根据治理区内污染源的分布情况,考虑地势、风向等因素,共设置 14 个土壤监测点,2 个背景值监测点,监测点布设见图 7-21。

根据监测区内边坡的分布情况,监测区内共有 3 种岸坡,即自然岸坡、坡度为 1∶5 的人工岸坡、坡度为 1∶10 的人工岸坡,考虑地势、风向、绿化等因素,以及数据分析的需要,共设置 23 条土壤监测断面线。各监测断面布设见图 7-22。

2. 监测方法

通过采用重量法、容重法、分光光度法、原子吸收法和色谱法等对土壤样品进行测试试验,监测土壤质量及肥力迁移情况,通过便携式土壤水分测量仪现场测定土壤含水率。

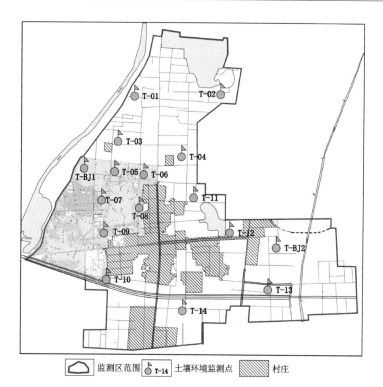

图 7-21 土壤污染监测工程部署图

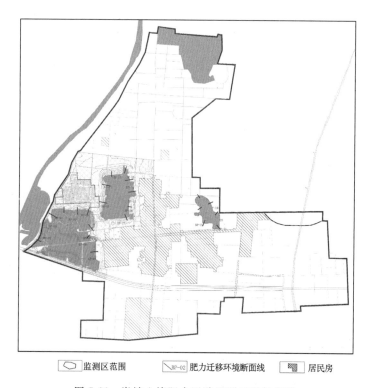

图 7-22 岸坡土壤肥力迁移监测工程部署图

3. 采样频次

土壤质量监测每年 2 月、5 月、8 月、11 月份各采集一次土样,即共采集 4 次土壤样品分析检测,遇特殊情况或突发事件时加密监测。

土壤含水率监测周期以年为单位。邹城市辖区年内降水多集中在 6—9 月份,降雨入渗土壤形成入渗湿锋面,或因水量较大形成壤中流,是土壤含水量的一个重要影响因子。因此,为准确、全面地获得土壤含水率的水文响应,适度紧密地设定 6—9 月份土壤含水率的监测频次,频次为每 5 天 1 次。而年内其余月份,可每月监测 1 次,其中,秋季霜降和春季融雪期,宜适当增加监测频次。

土壤肥力迁移监测每年 4 月份、10 月份各采集土壤样品进行分析检测,遇特殊情况或突发事件时加密监测。

(六)治理效果监测工程

1. 边坡侵蚀速度监测工程

1)监测点选择及布设

根据治理区内各种岸坡的分布情况,考虑地势、绿化等因素,共设置 28 个岸坡侵蚀监测点,每个监测点立 9 根标桩。监测点布设见图 7-23。

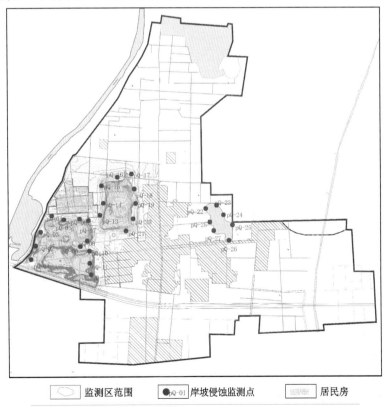

图 7-23 岸坡土壤侵蚀监测工程部署图

2)监测方法

采用标桩法,即将直径 0.6cm,长 20～30cm,类似钉子形状的钢钎相距 1m×1m 分上中下、左中右纵横各 3 排(共 9 根)沿坡面垂直方向打入坡面,钉帽与坡面齐平,并在钉帽上涂上红油漆,编号登记入册。每次暴雨后和汛期终了以及时段末,观测钉帽线记号离地面高度,计算土壤侵蚀厚度和土壤侵蚀量。

3)监测频次

每年 1 月、3 月、6 月、7 月、8 月、11 月对标桩进行测量,遇特殊情况或突发事件时加密监测。

2. 挡墙工程监测

1)监测点的选择与布设

监测区内共有 3 处挡墙治理工程。TX1 南岸、C 设计公路和两塌陷坑连通处水域沿岸设有两较短挡墙。监测点布设在挡墙陆地一侧,共 15 个,布设见图 7-24。

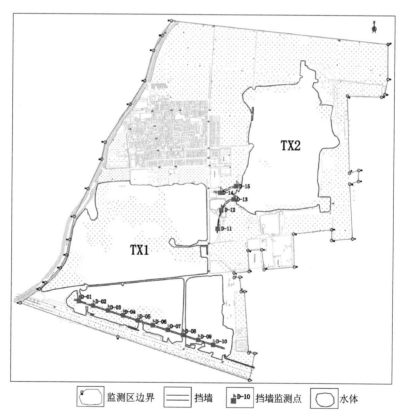

图 7-24　治理工程监测工程部署图

2)监测方法

根据治理工程的安全等级和重要程度,本次监测选用《建筑变形测量规程》(JGJ/T 8—97)位移测量四等精度标准作为监测基本精度。采用测角交会、测边交会或全站仪极坐标法,同时监测区内的三维坐标。

3)监测周期

(1)施工期监测:治理工程在施工初期观测 2 次,正常施工期间 1 次/月。

(2)施工结束至第一个雨季开始监测:1 次/季。

(3)第一个雨季期监测:1 次/半月。

(4)第一个雨季结束后监测:1 次/季。

(5)特殊时期:暴雨期,约 2 次/d。

变形监测每年评价监测 4 次。

3. 绿化工程监测

1)监测范围布设

在全区布设绿化工程监测,如图 7-25。

图 7-25 绿化工程部署图

2)监测方法

本次矿山地质环境治理绿化工程监测,采用 IKONOS 多光谱影像,配合 Quickbird 卫星影像,对监测区植被特征、土地退化特征识别、煤矸石堆放等活动进行调查监测,重点监测农田和绿化工程区,如农作物覆盖度、林地覆盖度、草地覆盖度、叶面积指数和地表水面积等信息,更精确地获取治理区绿化工程效果、土地损毁动态。

每年分 2 次集中向有关部门购买 IKONOS 多光谱影像和 Quickbird 卫星影像两类遥感数据,并进行遥感解译。

第三节 生态地质环境监测

一、陆地生态系统监测

（一）监测目标及原则

1. 监测目标

生态地质环境监测是为了掌握生态系统在自然或者人类干预条件下，系统自身演化的方向、过程及趋势，以及其内部各要素的特征及变化规律，及时发现生态地质环境问题，确定其产生的原因及机理，在保证生态系统结构及功能完整性的基础上，提出合理化的对策，为人类提供更好的生存环境。

2. 监测原则（金岚等，1992；联合国环境规划署，1994）

1）代表性原则

生态地质环境监测所选择的监测要素及监测方法能够充分反映生态系统各生态因子如水、土壤、生物的现状及动态变化。

2）定期定点连续监测原则

生物的生命活动具有周期性，因此要求生态地质环境监测在方法上应实行定期、定点的连续观测。

3）定量化原则

生态地质环境监测的所有监测要素均能定量测定，能按照国家标准及规定的科学方法完成监测和测试。

4）可操作性原则

监测方案的设计及监测方法的选择应简便、适用、易测。

（二）监测主要任务与内容

1. 监测任务

通过对监测区进行前期野外调查，了解生态系统结构及功能特征的基础上，科学合理地布设监测网络，运用卫星遥感、地面调查监测等方法，掌握监测区内植物的分布特征及变化规律，以及各生态要素的动态特征，可以揭示和评价生态系统在某一时段的环境质量状况，为利用、改善和保护生态环境指出方向，并且为协调人与自然的关系提供科学依据（金岚等，1992）。

2. 监测内容

1) 植被覆盖度监测

植被覆盖度为单位面积上的植被覆盖面积,是评估生态环境的一个重要参数和基础数据。因此对地表植被覆盖度及其变化监测,可以揭示监测区地表空间变化规律,探讨变化的驱动因子,分析评价区域生态环境质量(张超,2005)。

2) 植物群落结构监测

对植物群落结构进行监测,掌握生态系统内植物的种群数量、种群密度及植物个体的生长状况,分析生态系统中植物群落的结构特征及变化规律。

3) 植物根系监测

植物根系是植物与地下生境联系的纽带,是陆生植物重要的营养器官,植物必须通过根的吸收、输导,才能利用地下生境所提供的营养物质(周爱国等,2007)。

4) 植物地下生境监测

植物地下生境监测的目的是了解地下生境不同深度各理化指标的分布规律及动态变化特点,为地下生境结构及其生态功能分析提供基础资料。

5) 气象监测

建立简易气象观测站,对气象要素进行监测,为各生态因子变化规律的研究提供数据支持。

(三) 监测部署与实施(周爱国等,2007)

1. 植被覆盖度监测

主要通过遥感数据解译,分析植被覆盖度的变化,以及进行绿化工程监测。

2. 植物群落结构监测

1) 监测内容

植物群落结构监测内容包括样地内植物的物种组成,各个物种的数量、密度、生长状况,各植物个体的胸径、高度、盖度以及植物个体间的相对位置等。

(1) 植物种群。植物种群是植物群落的次级构成单元,反映了群落结构的最基本的信息,因而进行样地内植物群落结构调查时应统计其全部植物物种。

(2) 植物数量和密度。植物数量和密度不仅是反映群落水平结构的重要指标,而且反映了不同物种在群落中的优势度。调查时应以物种为单位进行,对于样地内的乔灌木,直接记录某一具体物种在样地内的数量多少,并可由数量与样地面积比统计出密度大小;对于样地内的草本植物,在样地内选取一个 1m×1m 大小的代表性小样方,统计其数量并计算密度,作为样地内该物种的密度。

(3) 植物胸径。植物胸径与植物对地下生境条件的适应性有关,同时隐含着该植物个体年龄信息。在测定时,以植物个体为单位进行,并进一步统计各物种的最大胸径、平均胸径和最小胸径。对于乔木,测定各植物个体地表以上树干最粗处的直径作为其胸径;对于丛生灌木,选取地表以上最粗的枝干作为主干,测定其最粗处的直径作为该灌木个体的胸径;对于多年生草本植物也可测定其胸径,方法同上;一年生草本植物的胸径则不予测定。

(4)植物的高度。植物的高度既反映了植物对地下生境条件的适应性,又隐含着该个体的年龄信息,还是植物群落垂直结构的基本指标。对于乔灌木,高度的测定以个体为单位进行,根据情况,采用目测或实测的方法,以其最大高度作为该植物个体的高度,并统计各物种的最大高度、平均高度和最小高度;对于草本植物,当数量不多时,单个测定个体高度,如果草本植物数量较多,则以物种为单位,测定样地内该物种的最大高度、平均高度和最小高度。

(5)植物的盖度。植物的盖度与其形态特征密切相关,在一定程度上也可反映植物对地下生境条件适应性水平,并且决定着植物群落的水平和垂直结构。盖度的调查主要针对乔灌木进行,测定时以植物个体为单位。一般测定乔灌木在地面的垂直投影面积,最终计算该物种的总盖度及植物群落的覆盖度等。

(6)植物生长状况。植物生长状况的调查是以物种为单位进行的。它是一个综合指标,反映了样地内某一物种对地下生境条件的适应性水平,可通过对样地内某一物种的所有个体生长状况的综合判断而得到,主要根据不同植物的形态学特征,如枝叶密度、叶片色泽、植株高度、密度和胸径等外观指标来确定。

(7)植物个体间相对位置。植物个体间相对位置的调查主要是对样地内所有植物个体的位置、间距、密度组合状况的实测与记录,可进一步提取各物种群集度和水平分布格局等群落水平结构信息。

2)监测步骤

上述调查的结果最终反映在植被样地调查记录表和植被样地调查图中,两者相互对应,互为补充。具体的操作过程如下。

(1)样地位置及大小确定后,在植被样地调查记录表中填写如下内容:样地编号、调查日期、天气、调查人、样地位置(经度、纬度和海拔高程)、地形地貌特征、样地面积与形状等;在植被样地调查图上标明样地编号、样地方向、比例尺等。

(2)将样地划分为多个 5m×5m 或 10m×10m 的更小样方。

(3)自样地某一角的小样方开始,按照约定的方向,采用遍历法开始记录。植被样地调查记录表的填写和植被样地调查图的绘制同步进行。在植被样地调查记录表上以个体为单位(主要针对乔灌木),记录其编号、高度(m)、胸径(cm),以物种为单位记录其代号、图例、生长状况、是否优势种、密度、盖度;在植被样地调查图上按比例绘制各个植物个体的位置、投影盖度,并标明其编号。

3. 植物根系监测

植物根系监测的主要目的是了解研究区典型物种根系吸收水分和养分的主要范围和共生、伴生植物的根群在垂向上的成层现象及其空间分布格局。常见的植物根系监测方法:①开挖法。开挖法是指在植物周围开挖样坑,或者在样坑内直接观察和统计根的数目,或者取土样回室内统计根的数目和重量。②同位素示踪法。可以测定植物根系吸收功能的主体区,且方法已比较成熟。③间接方法。如过氧化氢酶指示法。这里主要介绍野外实地调查中常用的开挖法和过氧化氢酶指示法。

1)开挖法

在样坑开挖及取样完毕后,沿原有剖面切开一新鲜面,在新鲜面上用标尺打上网格,然后进行根系类型、数量及分布状况的统计。植物根系分类标准见表7-8,植物根系数量分类标准见表7-9。在根系开挖调查过程中,还可绘制根系分布的素描图或进行拍照(图7-26)。

表7-8 植物根系分类标准

根的类别	特征
极细根	直径小于1mm,如禾本科植物的毛根
细根	直径1~2mm,如禾本科植物的须根
中根	直径2~5mm,如木本植物的细根
粗根	直径大于1cm,如木本植物的粗根

表7-9 植物根系数量分类标准

类别	特征
无根	土层内未发现根系分布
少根	土层内有少量根系,每平方厘米小于5条根系
中量根	土层内有较多根系,每平方厘米有5条及以上根系
多量根	土层内根系交织密布。每平方厘米根系在10条及以上

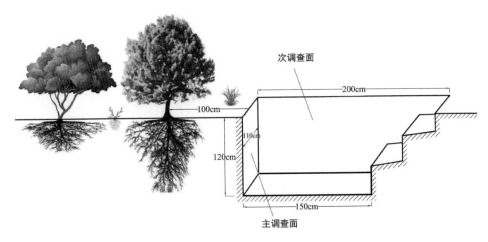

图7-26 样坑示意图

2)过氧化氢酶指示法

过氧化氢酶是植物根系分泌物和根际微生物代谢过程中的产物,而微生物的数量又与植物根系的发育程度及活性大小相关。因此,一般认为,过氧化氢酶可作为指示植物根系分布状况的一个有效指标,在植物根群"层片"结构研究中尤为重要。过氧化氢酶指示法的具体操作过程：在进行地下生境中盐分和有机质调查时，同时采集过氧化氢酶调查土样，回室内测定土样中过氧化氢酶含量，绘制过氧化氢酶含量分布图。

4. 植物地下生境监测

1）样坑位置和深度的确定

样坑位置的确定需遵循控制性、综合性和代表性原则，一般将样坑选在样地内植物相对比较密集、层次结构比较完善的群丛内，而尽量避免选在裸地上。样坑的开挖深度是由植物地下生境的可能分布深度来决定的。在中纬度地区，样坑的开挖深度一般为 1.2m。另外，在未揭露潜水的样地内，应调查潜水的埋藏深度。

2）地下生境剖面调查

在开挖后的样坑内主要调查并记录各层的岩性、温度及水分、盐分、有机质的含量等。

从调查的时间序列来看，地下生境剖面调查可分为静态调查和动态调查两大类。静态调查只是在某一时间点调查剖面各层内上述各指标；动态调查指在较长的时间段内对上述指标定时测定，所以静态调查是地下生境调查的基础。

调查的结果主要填写在土壤剖面记录表中，其基本信息包括剖面编号（与植被样地调查记录表和植被样地调查图的编号保持一致）、调查人、调查日期、天气、样地位置（经度、纬度和海拔高程）、地形地貌特征、潜水埋深、排水状况、土壤水分补给来源和地层地质年代。对于可在野外现场测定的内容，如岩性、石灰反应、温度等直接填入土壤剖面记录表；需取样后回室内测定的，在土壤剖面记录表中记录取样的位置、深度及编号等。主要有如下内容。

（1）岩性调查。开挖深度内岩性分层、各种岩性类型分布的深度范围与厚度、不同岩性类型间的组合状况。按表 7-10 判别质地、定名，填入记录表。砾质土壤质地的描述，要在原有质地名称前冠以砾质字样，如多砾质砂土、少砾质砂土等（表 7-11）。

表 7-10　土壤质地目视手测法标准（根据卡琴斯基分类）

质地名称	目视或放大镜判别	干摸时状况	湿揉时特征
砂土	主要是砂粒，有石英、云母、角闪石等，粒散、疏松	指间有砂粒粗糙感，有沙沙声，放在手上会从指缝间自动流下	有砂感，无可塑性，不能揉搓成条、团或球状、片状
砂壤土	主要为粉砂粒，砂粒含量较少，含极少部分黏粒	疏松，摸时指间有明显的砂感	在一定湿度下，可搓成球，不易搓成土条（直径 3mm），或勉强搓成土条，也一碰即碎
轻壤土	主要为粉砂，含黏粒较少，含较少砂和细砂粒	较疏松，干时成土块，但不坚硬，易碎，指间有砂质感，无沙声	可搓成土条（直径 3mm），但提起即可断

续表 7-10

质地名称	目视或放大镜判别	干摸时状况	湿揉时特征
中壤土	黏粒成分增加,砂粒减少	干时结成块,不易弄碎,手摸时有均质感,不粗糙	可搓成细条(直径 3mm),并可弯成环状,但有裂痕,压扁时有断裂
重壤土	黏粒较中壤土含量增加	干时结成大块,坚硬,不易弄碎,均质,有细感	可搓成细长条(直径 3mm),并能弯成环状,无裂痕,或微有裂痕,压平时有大裂缝
黏土	主要为黏粒,砂粒较少	干时坚硬,棱角明显,极不易弄碎,表面有细腻感,有光泽或附有胶膜,细土可进入指纹内,不易擦净	有细腻感,可塑性强,可搓成任何形状,搓成细长条(直径 3mm),弯成环状而无裂痕

表 7-11 砾质土壤及砾石土的分类

大 类	亚 类	特 征
砾质土壤	少砾质	砾石含量 1%～5%
	中砾质	砾石含量 5%～10%
	多砾质	砾石含量 10%～30%
砾石土	轻砾石土	砾石含量 30%～50%
	中砾石土	砾石含量 50%～70%
	重砾石土	砾石含量>70%

(2)水分、盐分和有机质的调查。土壤水分、盐分和有机质的调查都需要在土壤剖面中取土样,可采用按岩性分层(多个岩性层时)和等间隔两种取样方法。若采用等间隔取样,取样间隔一般为 10cm。

土壤含水量的测定在野外调查中更多采用烘干法,样坑开挖后立即在剖面各深度范围内取样,土样装入铝盒后在背阳处迅速称其湿重,回室内烘干再称其干重,从而计算出含水量。

土壤含盐量和有机质含量的调查也是在样坑开挖后取样,每个土样约 500g,除去大的石子和明显的植物根系等杂物后装入土样袋,土样带回室内后进行含盐量和有机质含量的测试分析。

(3)温度。可采用激光测温仪直接测温,即样坑开挖后沿原有剖面切出新鲜剖面,用测温仪迅速测定剖面各层的温度,测温位置同取样位置(图 7-27)。

图 7-27　地下生境剖面图

二、湿地生态系统监测

(一)监测目标及原则

1. 监测目标

通过相关指标的监测,掌握湿地生态环境现状特征和发展趋势,为湿地生态环境保护、恢复和重建提供依据。

2. 监测原则

以"遵循自然规律、全面实施、突出重点"为原则部署监测工作。
(1)充分考虑湿地演化的规律性,结合不同湿地的特点部署监测工作。
(2)考虑到湿地生态系统的系统性,监测工作要从区域上整体实施。
(3)结合不同监测要素,点面结合,有所侧重,突出重点。

(二)监测主要任务与内容

1. 监测任务

通过对湿地基本特征、气象水文、湿地水环境、植物群落、鸟类多样性、土壤质量的监测,获取相关数据和资料,掌握湿地演化特征,包括动植物群落、水土环境特征、变化特征和演化趋势。

2. 监测内容

1)湿地基本特征监测

运用遥感解译等方法,对湿地类型、湿地面积及分布、湿地覆盖率等指标进行监测,掌握湿地的变化特征及趋势。

2）水文与水环境监测

在湿地范围内设置控制性监测点,对湿地的水位、流量、流速等水文要素以及湿地内水的pH值、COD、总氮、总磷等物理化学和微生物要素进行监测,了解湿地水量和水质的状况及变化动态。

3）气象监测

在湿地范围内设置简易气象观测站,对降雨、温度、风力等气象要素进行监测,为水文与水环境及动植物监测结果的分析提供气象数据。

4）植物群落结构监测

在湿地生态系统内,对于旱生植物和中生植物、湿生植物以及水生植物,分别布设样方点或者样带进行调查监测,了解不同植物分带内,其群落组成及动态变化。

5）鸟类多样性监测

鸟类多样性能够间接反应一个湿地生态系统质量的优劣。因此,运用样点法、样带法或者样线法对鸟类多样性进行监测,侧面反映湿地生态系统的质量。

6）土壤质量监测

在湿地生态系统内科学合理地布设土壤质量的监测网,通过现场取样以及实验室的测定,及时掌握土壤质量,为湿地生态系统的保护提供数据支撑。

(三)监测部署与实施(马广仁,2017)

1. 湿地基本特征监测

1）监测项目

湿地基本特征监测项目主要包括湿地类型、湿地面积及分布、自然岸线类型及比率、湿地覆盖率、土地利用类型等项目。

2）监测方法

利用3S技术,结合地形图、野外调查以及现有资料,对监测区内的湿地面积、特征以及土地利用类型进行监测。对于面积较小(小于$3km^2$)的湿地,可利用无人机航拍技术进行监测区内土地利用变化、湿地覆盖率等的监测。

湿地类型的划分按照《全国湿地资源调查技术规程(试行)》,并参考《湿地分类标准》(GB/T 24708—2009),对湿地类型进行划分。

3）监测时间及频率

湿地类型、面积及分布特征可每3年监测1次;自然岸线类型及比率每年监测1次;湿地率每3年监测1次;土地利用类型每5年监测1次。

2. 水文与水环境监测

1）监测项目

水文与水环境监测对象为地表水。其中水文的监测项目包括水位、地表水深、流量、流速。水环境监测项目包括水温、pH值、电导率、溶解氧(DO)、透明度、化学需氧量(COD)、总氮、总磷、氨氮、硝态氮、正磷酸盐、叶绿素 a。最后基于水环境监测数据评估水质类别。

2)监测方法

湿地内水文监测可采用在线监测,实时监测水位、流量、流速变化。也可选择建立野外水位线指示柱或安装水位、流量、流速传感器的方法,人工获取水文信息变化。水文监测点的选择应尽可能代表湿地整体水文特征以及出水和入水口,如果湿地内水文变动性大,应设计多个水文监测点进行监测。

水质监测化学分析方法见表 7-12。所有水质必测指标均可采用仪器快速监测,所需监测仪器见表 7-13。

表 7-12 水质监测项目与方法

监测指标	分析方法	单位	监测频度	方法来源	备注(仪器法)
pH 值	pH 计法		1 年 3 次,枯水期、平水期和丰水期各 1 次	GB 6920—1986	多参数水质分析仪
水温	温度计	℃			
化学需氧量(COD)	高锰酸盐指数法	mg/L		GB 7489—87	
透明度	塞氏盘法	m			
溶解氧(DO)	碘量法	mg/L		GB 11892—89	多参数水质分析仪
电导率	电导率仪测定	mg/L			
总氮	紫外分光光度法	mg/L		GB 11894—89	总氮分析仪
总磷	分光光度法	mg/L		GB 11893—89	总磷分析仪
氨氮	纳氏试剂分光光度法	mg/L		HJ 535—2009	氨氮分析仪
硝态氮	紫外分光光度法	mg/L		HJ/T 346—2007	
正磷酸盐	离子色谱法	mg/L		HJ 669—2013	总磷监测仪
叶绿素 a	叶绿素 a 分析法	μg/L		GB 11893—89	多参数水质分析仪
水质类别	单因子评价指数法			GB 3838—2002	

水质类别评价中以总氮、总磷、COD、硝态氮、氨氮以及正磷酸盐为主要污染因子进行指数综合评价,评价标准依据《地下水质量标准》(GB/T 14848—2017)。

3)监测断面和采样位置

(1)监测断面布设原则:

①尽可能覆盖监测区域,并能准确反映湿地水质和水文特征。

②包含湖泊、库塘、沼泽的进水区、出水区以及水系交叉区。

③河流型湿地包括干流上、中、下游以及支流入口。

④涵盖不同人为干扰区。

(2)采样位置。

水样均为表层水样,断面水深大于或等于 0.5m,采样点深度位于 0.5m 处;断面水深小于 0.5m,采样点位于水面与水底中间层。

表 7-13 水环境监测工具

编号	工具名称	用途
1	有机玻璃采水器	水样采集
2	便携式水质监测仪	温度、pH 值、DO、电导率现场测定
3	pH 计	pH 值测定
4	塞氏盘	透明度测定
5	电导率仪	电导率测定
6	YHCOD-100 型 COD 自动消解器	水样消解
7	滴定管/快速 COD 测定仪	COD 测定
8	紫外-可见光分光光度计	总氮、总磷测定
9	总氮分析仪	总氮、硝态氮测定
10	总磷检测仪	总磷、正磷酸盐测定
11	氨氮分析仪	氨氮测定
12	具塞比色管	高温消解
13	叶绿素分析仪	叶绿素 a 测定
14	其他实验室设备	

①河流型湿地。采样断面包含湿地内河流上游边界、中游、下游边界、支流入口,长度越过 5km 的河流,长度每增加 3km 需增加 1 个采样断面。每个采样断面随机设置不少于 3 个采样点进行采样。

②湖泊型、库塘型湿地。采样断面布设主要涉及湖、库出入口、中心区、滞留区、饮用水水源取水口,一般最少设计 5 个采样区,每个采样区随机设置不少于 3 个重复采样点进行采样。水域面积超过 8km^2 的湖泊、库塘,每增加 2km^2 水域面积需增加 1 个采样区。

③沼泽型湿地。对明水区进行采样断面布设,依据明水区分布随机采样,如明水区面积较大,可按照网格布点设计采样点,采样点依据面积大小不得少于 6 个。

④滨海型湿地。滨海型湿地采样断面布设主要涉及河口湾区、海岸、泄湖湖周及中心区。根据湿地内水环境状况实际考虑,采样断面不少于 3 个,每个采样断面布设 3 个以上重复采样点。

4)监测工具

开展采样之前,应准备相关工具(表 7-13)。用 10% 的盐酸和去离子水分别清洗直立式采样器或有机玻璃采水器。湿地水环境物理指标包括温度、pH 值、溶解氧 DO、盐度、碱度、电导率、浊度、叶绿素 a 等以及气味、颜色、透明度等,一般在现场直接测定记录。

5)监测时间及频率

水环境监测至少 1 年 3 次,枯水期、平水期和丰水期各 1 次,在水体受到污染的情况下应增加监测次数。水文监测进行实时监测或每天记录1次。

3. 气象监测

1) 监测项目

包括降雨量、蒸发量、气温、地表温度、气温日较差、空气湿度。

2) 监测方法

气象要素的监测通过建立微型气象站的方法进行实时连续监测。选择湿地管理中心周边进行气象站建设，以更便捷地采集数据，同时避免人为破坏(表7-14)。

表7-14 水文及气象监测工具

编号	工具名称	用途
1	水位监测终端或水位传感器	水位监测
2	流速仪	流速监测
3	水深仪	水深监测
4	流量计	流量监测
5	微型气象站	气象因子监测
6	其他实验室设备	

3) 监测时间及频率

气象监测为实时监测。

4. 植物群落结构监测

1) 监测项目

植物群落结构监测主要针对高等维管植物及水生维管植物。陆地高等维管植物监测项目包括植被类型及面积、植物种类及分布、多样性、特有植物、国家重点保护植物(参考《国家重点保护野生植物名录》)。水生植物(挺水植物、浮叶根生植物以及沉水植物、漂浮植物)监测主要包括种类以及分布。

2) 监测方法

植被类型及面积的监测属宏观监测范畴，主要采用遥感数据解译获取，对于面积较小的湿地可采用航拍技术直接监测记录。植物多样性监测采用定性调查与定量调查相结合的方法。植物种类、分布、多样性定量调查以样方法、样带法为主。

(1) 样方法。根据湿地内植被分布类型和面积，进行调查样地布设。根据每个调查样地内物种数量设置样方，样方面积及数量要求如下：

森林：20m×20m，每个样地不少于5个；

灌丛：5m×5m，每个样地不少于10个；

草地：1m×1m，每个样地不少于20个。

监测样方内的生境状况，调查记载样方内的所有植物种类、数量、盖度、高度、密度、生物量等特征。野外不能鉴别的植物种类,采集标本带回室内鉴定。

(2)样带法。沿生境梯度设置监测样带,样带宽大于或等于10m,长度视湿地地形条件、植被类型及目标植物物种分布情况确定,样带数量依植被分布特征确定,不小于2条/km,监测样带内的所有植物。

某植物物种单位面积数量为所有样方(带)内的该植株数量除以样方(带)总面积,再乘以植被面积,即为该植物的植株总数量。

3)样方(带)设置原则

(1)选择能够代表湿地内植物群落基本特征的地段。

(2)选择不同人为干扰程度的区域。

(3)沿着水分梯度变化的方向设置。

(4)选择湿地内水生植物丰富区域。

(5)地表形态起伏不平的,可沿着地形梯度变化方向设置,应涵盖调查单元内最低海拔和最高海拔。

4)监测工具

植物群落结构监测所需工具如表7-15所示。

表7-15 植物群落结构监测工具

编号	工具名称	用途
1	GPS	坐标查询
2	照相机	记录
3	植物标本夹	标本采集
4	植物调查记录本	记录
5	皮尺(规格50m)	森林及灌丛群落调查
6	卷尺(规格5m)	草地群落调查
7	样方框(1m×1m)	草地群落调查
8	地形图或地图	路线判定
9	样方记录表	记录
10	修枝剪	标本采集
11	航拍器	植被分布调查

5)调查时间及频率

全范围植物监测至少3年1次,每次对湿地内所有植物种类、分布及多样性进行监测。湿地内特有植物监测至少1年1次,选择在植物生长旺季监测。

5. 鸟类监测

1)监测项目

鸟类监测项目包括鸟类种类及种群数量、分布、多样性、国家重点保护野生动物名录中的鸟类。调查中应记录鸟类死亡数量及原因分析。

2)监测方法

采用定性调查与定量调查相结合的方法。要求监测人员熟练掌握鸟类分类知识,熟悉当地鸟类物种和活动规律。定性调查以定点观测、调查为主,定量调查以样点法、样带法为主。

(1)样点法。选择晴朗无风的天气,在日出后2h和日落前2h内进行观测,大雾、大雨、大风等天气除外。监测者到达监测样点后,应安静地等待5min再开始计数。将观察到或听到的鸟类种类及种群数量进行记录。记录并拍摄鸟类及其生境照片。

(2)样带法。选择晴朗无风的天气,在日出后2h和日落前2h内进行观测,大雾、大雨、大风等天气除外。监测者沿固定样线行走,速度为1~2km/h,观察、记录样线两侧和前方看到或听到的鸟类种类及种群数量,不记录从监测者身后向前飞的鸟类,并拍摄鸟类及其生境照片。

(3)热成像法(红外相机自动拍摄法)。热成像法是利用目前较普遍的红外热成像仪,进行样点或样线上鸟类数量监测的方法,该方法能够拍摄到稀有或者活动隐蔽的在地面活动的鸟类。首先应对鸟类的活动区域和日常活动路线进行调查,在此基础上将照相机安置在目标鸟类经常出没的通道或者活动密集区域。依据分层抽样或系统抽样法设置红外观测设备,每个生境类型下设置不少于5个观测点。

3)样点(带)设置原则

(1)样点设置原则。

①包含湿地内主要的生境类型。

②与湿地内植物和其他动物样点相结合。

③包含湿地内鸟类频繁活动的区域。

④各样点间距离大于或等于100m。

⑤湿地面积小于或等于$100hm^2$($1hm^2=10000m^2$)设置样点4个,湿地面积每增加$100hm^2$增加2个样点。

⑥样点半径能在视野范围确定。

⑦建立固定样点进行观测。

(2)样带设置原则。

①应包含湿地内主要的生境类型。

②与湿地内植物和其他动物样点相结合。

③湿地内鸟类频繁活动的区域。

④尽可能利用现有小路或固定航线。

⑤每一样线相对独立,各样线间距离大于或等于500m。

⑥湿地面积小于或等于$100hm^2$设置样线3条,湿地面积每增加$100hm^2$增加1条样线。

⑦单个样线长度应大于或等于2km。

4)调查时间及频率

鸟类常规监测每个季节监测1次。鸟类繁殖期、越冬期、迁徙期以及鸟类活动高峰季节每月至少调查2次。每次监测至少保证2~3次重复调查。针对珍稀濒危特有鸟类的监测，可适当提高调查频率。

6. 土壤质量监测

1)监测项目

监测项目包括土壤pH值、有机质、土壤含水量、全氮、全磷、全钾、土壤容量、重金属。

2)监测方法

土壤监测方法按《土壤环境监测技术规范》(HJ/T 166—2004)执行(表7-16)。

表7-16　土壤监测项目与方法

监测指标	监测方法	单位	监测频率	方法来源
土壤类型	土壤分类法	—	3年1次	—
泥炭厚度	土壤剖面测量法	cm		HJ/T 166—2004
土壤pH值	电位法	—		LY/T 1239—1999
有机质	烧失量/感应炉法	g/kg		GB 7876—1987
土壤含水量	烘干法	%		GB 7172—1987
全氮	碱性过硫酸钾消解紫外分光光度法	g/kg		GB/T 11894—89
全磷	钼酸铵分光光度法	g/kg		GB/T 11894—89
土壤容重	环刀法或容重仪直接测定	g/cm^3		—
全钾	原子吸收分光光度法	g/kg		GB 9836—88
重金属	原子吸收光谱法	mg/kg	湿地内土壤受污染时进行监测	

3)采样点布设原则

(1)布点涵盖湿地内所有土壤类型。

(2)尽可能覆盖监测区域，并能准确反映湿地内土壤特征。

(3)布点涵盖不同用地类型区。

(4)不同人类活动强度区。

土壤采样点均匀布设在湿地中心、水陆交接面、陆域面上。采样点不少于9个，随机布设。

4)监测时间与频率

土壤质量监测3年1次。

主要参考文献

柴波,李远耀,周建伟,等.广西合山煤炭矿山地质环境风险研究[M].武汉:中国地质大学出版社,2017.

陈植华,曾斌,金晓文,等.武汉城市圈地质环境遥感解译报告[R].武汉:中国地质大学(武汉),2011.

陈植华,曾斌.黄石矿山地质环境遥感解译报告[R].武汉:中国地质大学(武汉),2011.

金岚,等.环境生态学[M].北京:高等教育出版社,1992.

联合国环境规划署.生态监测手册[M].姚守仁等,译.北京:中国环境科学出版社,1994.

马广仁.国家湿地公园生态监测技术指南[M].北京:中国环境出版社,2017.

张超.遥感在北京生态监测中的应用研究[D].杭州:浙江大学,2005.

周爱国,孙自永,马瑞.干旱区地质生态学导论[M].北京:中国环境科学出版社,2007.

周建伟,柴波,唐朝晖,等.邹城市太平采煤区矿山地质环境监测工程设计报告[R].武汉:中国地质大学(武汉),2013.

附 表

附表 1 地下水环境监测技术与设备一览表

监测项目	监测技术方法	监测仪器设备
地下水水位	水位计法	水位计(浮标式、灯显式、音响式、仪表式、感应等)
	半自动测仪	半自动测仪
	自动监测方法	自记水位仪、水温水位仪、三用电导仪、全自动水位水温仪、气压泵或密封瓶(氮气测量)
	远程遥测	自动采集装置+GSM 网络
		自动采集装置+GPRS 网络
		自动采集装置+卫星装置
地下水水温	手动监测方法	温度计、数字显示监测仪
	自动监测方法	自记水位仪、水温水位仪、三用电导仪、全自动水位水温仪
地下水水量	容积法	水箱、水塔、蓄水池
	堰测法	三角堰、梯形堰、矩形堰
	流速仪法(明渠)	旋杯式或旋浆式流速仪、水尺等
	浮标法	浮标、直尺、秒表等
地下水流速	示踪法	同位素示踪剂
	电解法	电解质
	充电法	电法仪
地下水水质	采样实验室测试法	pH 试纸、采样器、实验室仪器设备

附表 2 三角堰水头高度与流量查算表

水头高度 (h)/cm	水头高度(h)的尾数/cm 0		0.1		0.2		0.3		0.4		0.5		0.6		0.7		0.8		0.9	
	流量 (Q)																			
	L/s	m³/h	L/s	m³/h	L/s	m³/h	L/s	m³/h	L/s	m³/h	L/s	m³/h	L/s	m³/h	L/s	m³/h	L/s	m³/h	L/s	m³/h
1	0.014	0.051	0.018	0.065	0.022	0.081	0.027	0.098 5	0.033	0.1185	0.039	0.14	0.046	0.165	0.054	0.192	0.062	0.222	0.071	0.254
2	0.8	0.289	0.091	0.326	0.102	0.367	0.114	0.41	0.128	0.456	0.14	0.505	0.155	0.557	0.17	0.612	0.186	0.67	0.203	0.732
3	0.221	0.797	0.24	0.865	0.26	0.936	0.281	1.011	0.303	1.09	0.325	1.712	0.349	1.257	0.374	1.346	0.4	1.439	0.427	1.535
4	0.454	1.636	0.483	1.74	0.513	1.85	0.544	1.96	0.577	2.08	0.61	2.2	0.644	2.32	0.68	2.45	0.717	2.58	0.775 5	2.72
5	0.794	2.86	0.828	2.98	0.869	3.13	0.912	3.28	0.955	3.44	1	3.6	1.046	3.77	1.094	3.94	1.142	4.11	1.192	4.29
6	1.243	4.476	1.296	4.665	1.35	4.86	1.405	5.06	1.461	5.26	1.519	5.47	1.578	5.68	1.638	5.9	1.7	6.12	1.763	6.35
7	1.828	6.58	1.894	6.82	1.961	7.06	2.03	7.31	2.1	7.561	2.172	7.82	2.245	8.08	2.32	8.35	2.396	8.63	2.473	8.9
8	2.552	9.9	2.633	9.48	2.715	9.77	2.798	10.07	2.884	10.38	2.97	10.69	3.058	11.01	3.148	11.33	3.239	11.66	3.332	11.99
9	3.426	12.33	3.522	12.68	3.62	13.03	3.719	13.39	3.82	13.75	3.922	14.12	4.026	14.49	4.132	14.88	4.239	15.26	4.348	15.65
10	4.459	16.05	4.539	16.34	4.652	16.75	4.767	17.16	4.883	17.58	5.002	18.01	5.121	18.44	5.243	18.87	5.366	19.32	5.492	19.77
11	5.618	20.23	5.747	20.69	5.877	21.16	6.009	21.63	6.143	22.11	6.279	22.6	6.416	23.11	6.555	23.6	6.696	24.11	6.839	24.62
12	6.984	25.14	7.13	25.67	7.278	26.2	7.428	26.74	7.58	27.29	7.734	27.84	7.89	28.4	8.047	28.97	8.206	29.54	8.368	30.12
13	8.531	30.71	8.696	31.3	8.862	31.9	9.031	32.51	9.202	33.13	9.375	33.75	9.55	34.38	9.726	35.01	9.904	35.66	10.084	36.3
14	10.267	36.96	10.451	37.63	10.638	38.3	10.826	38.97	11.016	39.66	11.209	40.35	11.403	41.05	11.599	41.76	11.797	42.47	11.998	43.19
15	12.2	43.92	12.316	44.34	12.521	45.07	12.727	45.82	12.936	46.57	13.148	47.33	13.361	48.1	13.576	48.87	13.793	49.65	14.012	50.44
16	14.234	51.24	14.457	52.05	14.683	52.86	14.91	53.68	15.14	54.5	15.372	55.34	15.606	56.18	15.842	57.03	16.08	57.89	16.32	58.75

续附表 2

水头高度 (h)/cm	水头高度 (h) 的尾数/cm 流量 (Q)																			
	0		0.1		0.2		0.3		0.4		0.5		0.6		0.7		0.8		0.9	
	L/s	m³/h	L/s	m³/h	L/s	m³/h	L/s	m³/h	L/s	m³/h	L/s	m³/h	L/s	m³/h	L/s	m³/h	L/s	m³/h	L/s	m³/h
17	16.563	59.63	16.808	60.51	17.054	61.4	17.303	62.29	17.554	63.2	17.808	64.11	18.063	65.03	18.321	65.96	18.581	66.89	18.842	67.83
18	19.107	68.79	19.374	69.75	19.642	70.71	19.913	71.687	20.186	72.67	20.462	73.66	20.74	74.66	21.019	75.67	21.302	76.69	21.585	77.71
19	21.872	78.74	22.161	79.78	22.453	80.83	22.746	81.89	23.042	82.95	23.34	84.02	23.64	85.11	23.943	86.19	24.248	87.3	24.555	88.4
20	24.865	89.51	24.996	89.99	25.308	91.11	25.622	92.24	25.939	93.38	26.258	94.53	26.58	95.69	26.903	96.85	27.229	98.02	27.558	99.21
21	27.889	100.4	28.222	101.6	28.557	102.81	28.895	104.02	29.236	105.25	29.579	106.48	29.924	107.73	30.271	108.98	30.621	110.24	30.973	111.5
22	31.328	112.78	31.685	114.07	32.045	115.36	32.407	116.67	32.772	117.98	33.139	119.3	33.508	120.63	33.88	121.97	34.254	123.32	32.631	124.67
23	35.011	126.04	35.392	127.41	35.777	128.8	36.163	130.19	36.553	131.6	36.944	132.99	37.339	134.42	37.736	135.85	38.135	137.29	38.537	138.73
24	38.941	140.19	39.348	141.65	39.757	143.13	40.169	144.61	40.584	146.1	41.001	147.6	41.421	149.11	41.843	150.63	42.268	152.16	42.695	153.7
25	43.125	155.25	43.242	155.67	43.674	157.23	44.109	158.79	44.546	160.36	44.985	161.95	45.428	163.54	45.873	165.14	46.32	166.75	46.77	168.37
26	47.223	170	47.678	171.64	48.136	173.29	48.597	174.95	49.06	176.62	49.526	178.29	49.995	179.98	50.466	181.68	50.94	183.38	51.416	185.1
27	51.895	186.82	52.378	188.56	52.862	190.3	53.35	192.06	53.839	193.82	54.332	195.6	54.827	197.38	55.325	199.17	55.826	200.97	56.329	202.78
28	56.835	204.61	57.344	206.44	57.856	208.28	58.37	210.13	58.887	212	59.406	213.86	59.929	215.74	60.454	217.63	60.982	219.54	61.513	221.45
29	62.046	223.7	62.582	225.3	63.121	227.24	63.663	229.19	64.208	231.15	64.755	233.12	65.306	235.1	65.858	237.09	66.414	239.09	66.973	241.1

注：数据来源于《水文地质手册（第二版）》（中国地质调查局，2012）。

附表3 梯形堰水头高度与流量查算表(堰底宽 $b=1\text{m}$)

h/mm	Q/(L·s^{-1})	h/mm	Q/(L·s^{-1})	h/mm	Q/(L·s^{-1})	h/mm	Q/(L·s^{-1})
20	5.26	116	73.49	212	181.56	308	317.94
22	6.7	118	75.39	214	184.72	310	321.04
24	6.92	120	77.32	216	186.72	312	324.15
26	7.80	122	79.26	218	189.32	314	327.27
28	8.71	124	81.22	220	191.93	316	334.40
30	9.66	126	83.19	222	194.56	318	333.54
32	10.65	128	85.18	224	197.19	320	336.70
34	11.66	130	87.18	226	199.84	322	339.86
36	12.70	132	89.20	228	202.50	324	343.03
38	13.78	134	91.24	230	205.17	326	346.21
40	14.88	136	93.29	232	207.85	328	349.40
42	16.01	138	95.35	234	210.54	330	352.60
44	17.17	140	97.43	236	213.25	332	355.81
46	18.35	142	99.53	238	215.96	334	359.03
48	19.56	144	101.64	240	218.69	336	362.26
50	20.80	146	103.76	242	221.43	338	365.50
52	22.06	148	105.90	244	224.18	340	368.75
54	23.34	150	108.06	246	226.94	342	372.01
56	24.65	152	110.22	248	229.27	344	375.28
58	25.98	154	112.41	250	232.50	346	378.55
60	27.34	156	114.60	252	235.30	348	381.84
62	28.71	158	116.81	254	238.10	350	385.14
64	30.12	160	119.04	256	240.92	352	388.44
66	31.54	162	121.28	258	243.75	354	391.76
68	31.54	164	123.53	260	246.59	356	385.08
70	34.45	166	125.80	262	249.44	358	398.42
72	35.93	168	128.08	264	252.30	360	401.76
74	37.44	170	130.37	266	255.17	362	405.11
76	38.97	172	132.68	268	258.06	364	408.47
78	40.52	174	135.00	270	260.95	366	411.85
80	42.09	176	137.34	272	263.86	368	415.23

续附表 3

h/mm	Q/(L·s^{-1})	h/mm	Q/(L·s^{-1})	h/mm	Q/(L·s^{-1})	h/mm	Q/(L·s^{-1})
82	43.68	178	139.68	274	266.77	370	418.62
84	45.28	180	142.04	276	269.70	372	422.01
86	46.91	182	144.42	278	272.63	374	425.42
88	48.56	184	146.80	280	275.58	376	428.84
90	50.22	186	149.20	282	278.54	378	432.27
92	51.90	188	151.62	284	281.51	380	435.70
94	53.60	190	154.04	286	284.49	382	439.15
96	55.32	192	156.48	288	287.48	384	442.60
98	57.06	194	158.93	290	290.48	386	446.06
100	58.82	196	161.40	292	293.49	388	449.53
102	60.59	198	163.87	294	296.51	390	453.01
104	62.38	200	166.36	296	299.54	392	456.50
106	64.19	202	168.87	298	302.58	394	460.00
108	66.02	204	171.38	300	305.63	396	463.51
110	67.86	206	173.91	302	308.69	398	467.02
112	69.72	208	176.44	304	311.76	400	470.55
114	71.59	210	179.00	306	314.84		

注：数据来源于《水文地质手册(第二版)》(中国地质调查局,2012)。

附表4 矩形堰水头高度与流量查算表

水头高度 (h)/cm	堰底宽度 (b)/cm					
	75	100	150	200	300	400
	流量 Q/(L·s^{-1})					
15	76.9	103.6	157.0	210.6	317.1	423.9
16	84.5	113.9	172.7	231.5	349.1	466.8
17	92.2	124.5	188.9	253.3	382.1	510.9
18	100.2	135.3	205.5	275.7	416.0	556.4
19	108.4	146.4	222.6	298.7	450.9	603.1
20	116.7	157.8	240.0	322.22	486.6	651.0
21	125.2	169.5	257.9	346.3	523.2	700.0
22	133.9	181.3	276.2	371.0	560.6	750.3
23	142.7	193.4	294.8	396.2	598.9	801.6
24	151.7	205.7	313.8	421.8	637.9	854.0
25	160.8	218.3	333.1	448.0	677.8	907.5
26		231.0	352.8	474.7	718.3	962.0
27		243.9	372.9	501.8	759.7	1 017.5
28		257.1	393.2	529.4	801.7	1 074.0
29		270.4	413.9	557.4	844.5	1 135.5
30		283.9	434.9	585.9	887.9	1 189.9

注:数据来源于《水文地质手册(第二版)》(中国地质调查局,2012)。

附表5 $b=50$cm 时矩形堰水头高度与流量查算表

水头高度 (h)/cm	水头高度(h)的尾数/cm									
	0	0.1	0.2	0.3	0.4	0.5	0.6	0.7	0.8	0.9
	流量(Q)/(L·s^{-1})									
1	0.9	1	1.2	1.4	1.5	1.7	1.9	2	2.2	2.4
2	2.6	2.8	3	3.2	3.4	3.6	3.8	4	4.3	4.5
3	4.7	5	5.2	5.4	5.7	5.9	6.2	6.4	6.7	7
4	7.2	7.5	7.8	8.1	8.3	8.6	8.9	9.2	9.5	9.8
5	10.1	10.4	10.7	11	11.3	11.6	11.9	12.2	12.5	12.9
6	13.2	13.5	13.8	14.2	14.5	14.8	15.2	15.5	15.9	16.2
7	16.5	16.9	17.2	17.6	18	18.3	18.7	19	19.4	19.8
8	20.1	20.5	20.9	21.3	21.6	22	22.4	22.8	23.2	23.5
9	23.9	24.3	24.7	25.1	25.5	25.9	26.3	26.7	27.1	27.5
10	27.9	28.3	28.7	29.1	29.5	30	30.4	30.8	31.2	31.6
11	32.1	32.5	32.9	33.3	33.8	34.2	34.6	35.1	35.5	35.9
12	36.4	36.8	37.3	37.7	38.1	38.6	39	39.5	39.9	40.4
13	40.8	41.3	41.8	42.2	42.7	43.1	43.6	44.1	44.5	45
14	45.4	45.9	46.4	46.9	47.3	47.8	48.3	48.8	49.3	49.7
15	50.2	50.7	51.2	51.6	52.1	52.6	53.1	53.6	54.1	54.6
16	55.1	55.5	56	56.5	57	57.5	58	58.5	59	59.5
17	60	60.5	61.1	61.6	62.1	62.6	63.1	63.6	64.1	64.6
18	65.1	65.6	66.2	66.7	67.2	67.7	68.2	68.8	69.3	69.8
19	70.3	70.9	71.4	71.9	72.4	73	73.5	74	74.6	75.1
20	75.6	76.2	76.7	77.2	77.8	78.3	78.9	79.4	79.9	80.5

注：数据来源于《水文地质手册(第二版)》(中国地质调查局,2012)。

附表6 采样设备对不同分析项目的适用性

地下水分析项目	敞口定深采样器	闭口定深采样器	惯性泵	气囊泵	气提泵	潜水泵	离心泵
电导率(EC)	√	√	√	√	√	√	√
pH值		√	√	√		√	√
碱度	√	√	√	√		☑	√
氧化还原电位(Eh)		√		√		☑	
宏量离子	√	√	√	√	√	√	√
痕量金属	√	√	√	√	√	√	√
硝酸盐等阴离子	√	√	√	√		√	
溶解气体		√		√		☑	
非挥发性有机化合物	√	√	√	√		√	√
VOCs和SVOCs（挥发性和半挥发性有机化合物）		√		√		☑	
TOC（总有机碳）	√	√		√		☑	
TOX（总有机卤）		√		√		☑	
微生物指标	√	√	√	√		☑	√

注：√-适合；☑-在一定条件下适合。表摘自《地质环境监测技术方法及其应用》（国土资源部地质环境司，中国地质环境监测院，2014）。

附表 7 采样设备对不同类型钻孔的适用性

采样设备	井孔类型					
	大口井(潜水)	水文孔		地质观测孔		压管
		上部含水层	下部含水层	上部含水层	下部含水层	
敞口定深采样器	√	√		√		☑
闭口定深采样器	√	√	√	√	√	☑
惯性泵			√		√	√
气囊泵	√	√	☑	√	☑	√
气提泵	√	√	☑	√	☑	√
潜水泵	√	√	√	√	√	√
离心泵	√	√	☑	√	☑	√

注:√-适合;☑-在一定条件下适合。表摘自《地质环境监测技术方法及其应用》(国土资源部地质环境司,中国地质环境监测院,2014)。

附表8 各种水质检测项目样品的保存方法

测定项目	最小采样量/mL	容器	保存方法	允许保存的时间/d	备注
Eh	100	G,P			现场测定
NO_2^-	100	G,P	原样保存	1/3	最好现场测定或开瓶后立即测定
pH,NH_4^+	100	G,P	原样保存	3	
K^+,Na,Ca^{2+},Mg^{2+},Cl^-,HCO_3^-,CO_3^{2-},F^-,SO_4^{2-}	500	G,P	原样保存	30	对溶解性总固体含量高的重碳酸型水,HCO_3^-,Ca^{2+},Mg^{2+},游离CO_2应在现场测定
Fe^{3+},Fe^{2+}	250	G,P	加入硫酸-硫酸铵	30	现场测定
侵蚀性CO_2	250	G,P	加入碳酸钙	30	现场测定
磷酸盐	100	G	加入硝酸酸化,使pH≤2	10	现场测定
可溶性硅酸	100	P	含量小于100mg/L,原样保存;大于100mg/L,酸化,使pH≤2	20	现场测定
NO_3^-	100	G,P	原样或pH≤2	20	
总铬	100	G,P	加硝酸酸化,使pH≤2	30	现场测定
6价铬	100	G,P	原样保存	30	
Mo,Se,As	100	G,P	原样或加酸,使pH≤2	15	
Li,Rb,Cs,Ba,Sr	200	G,P	原样或加酸,使pH≤2	30	
金属组分	1000	G,P	加硝酸,使pH≤2	7	现场测定
硫化物	500	G	加醋酸锌	7	现场测定
溴	100	G	原样保存	10	
碘	100	G	原样保存	10	
耗氧量(COD)	100	G,P	原样或4℃保存	3	
硼	100	P	原样保存	30	
挥发性酚、氰化物	1000	G	加NaOH使pH≥12,或4℃保存	1	现场测定
有机农药物残留量	5000	G	加硫酸,使pH≤2	7	现场测定

续附表 8

测定项目	最小采样量/mL	容器	保存方法	允许保存的时间/d	备注
铀、镭、钍	1000	G,P	加硝酸,使 pH≤2	7	现场测定
氡	100	G	原样保存	1	
$_1^2H, ^{18}O$	100	G	原样保存		
$_1^3H$	1000	G	原样保存		
VOCs	40	专用瓶	浓硫酸为保存剂,4℃保存	14	取两瓶样
SVOCs	1000	专用瓶	4℃保存	7	7d 内萃取,40d 内分析

注:表摘自《地质环境监测技术方法及其应用》(国土资源部地质环境司,中国地质环境监测院,2014)。

附表 9 岩-土环境监测技术方法一览表

监测类型	监测对象	监测技术方法	监测仪器设备	
岩-土变形位移	地表位移形变	测缝计法	裂缝计	
		水准测量法	水准仪、经纬仪、全站仪	
		测距仪	激光测距仪、钢尺	
		GPS定位法	GPS定位系统	
		干涉雷达法	ERS-1/2、RADARSAT、JERS-1、TOSAR、SEASAT	
		LIDAR技术方法	机载激光扫描仪系统	
		遥感法	遥感卫星影像解译	
		三维激光扫描法	三维激光扫描仪	
	深部位移	钻孔斜测仪法	钻孔斜测仪（自动钻孔测斜仪、手动钻孔测斜仪、多点位移计）	
	土压力	土压力计	振弦式土压力计、钢弦式土压力计	
	分层土体变形	基岩标分层标监测法	基岩标、分层标	
	应变	应变测量法	光纤应变计、埋入式振弦应变计	
岩-土理化指标	土壤物理指标	粒径	土工实验法、激光粒度仪法、吸管法、比重计法	
		绝对含水量	称重法、张力计发、电阻法、土壤水分传感器法	
		含水率	原位测定法、实验室测试法	岩土含水率、TDR仪、烘干法、酒精燃烧法
		电导率	室内电导法、电导率传感器法	大地电导仪
	土壤化学指标	酸碱度	电位法、比色法、原位酸碱度传感器法	
		氧化还原电位	二电极法、去极化测定仪法	铂电极直接测定法
		碱化度	电导法、质量法	
		重金属	原子吸收分光光度法、X射线荧光光谱（XRF）法、电感耦合等离子光谱（ICP）法	原子吸收分光光度计

附表10 滑坡定量预报模型和方法

模型	滑坡预测预报模型及方法	适用阶段	备注
确定性预测预报模型	斋藤迪孝方法 K*KAWAWURA 蠕变试验预报模型 福囿滑坡时间预报法 蠕变样条联合模型 滑体变形功率法 滑坡形变分析预报法	加速蠕变阶段 临滑预报 临滑预报 中短期预测预报 长期预测	以蠕变理论为基础,建立了加速蠕变经验方程,其精度受到一定的限制。以蠕变理论为基础,考虑了外动力因素,以滑体变形功率作为时间预报参数,适用于黄土滑坡
统计预测预报模型	灰色GM(1,1)模型、传统GM(1,1)模型、非等时距序列的GM(1,1)模型、新陈代谢GM(1,1)模型、优化GM(1,1)模型、逐步迭代GM(1,1)模型等生物生长模型(Pearl模型、Verhulst模型、Verhulst反函数模型)	短临预报	模型预测精度取决于模型参数的取值,优化GM(1,1)模型也适用于滑坡的中长期预报,逐步迭代(1,1)模型计算精度较高,在加速变形阶段预报紧度较高
	声发射法	短临预报	
	曲线回归分析模型 多元非线性相关分析法 指数平滑法 卡尔曼滤波法 时间序列预报模型 马尔可夫链预测 模糊数学方法 动态跟踪法 滑坡蠕滑预报模型(GMDH预报法) 梯度-正弦模型 正交多项式最佳逼近 灰色位移矢量角法 黄金分割法 多项式回归模型	短临预报 中短期预测预报 短期和临滑预报 中长期预测预报	适用于岩质滑坡 多属趋势预报和跟踪预报,当滑坡处于加速变形阶段时,可以较准确地预报剧滑时间 主要适用于堆积层滑坡

续附表10

模型	滑坡预测预报模型及方法	适用阶段	备注
非线性预测预报模型	BP神经网络模型	中短期预测预报	
		临滑预报	
	协同预测模型	中短期预测	较适合于短期预测预报
	滑坡预报BP-GA混合算法		
	协同-分叉模型	临滑预报	
	突变理论预报（尖点突变模型和灰色尖点突变模型）	中短期预测预报	联合模型预报精度较单个模型高
	动态分维跟踪预报		
	非线性动力学模型	中长期预测	
	位移动力学分析法	长期预测	可跟踪预报滑坡的最短安全期
		长期预测	